Mineralogie
für Ingenieure des Tief- und Hochbaues und der Kulturtechnik

Von

Dr. Josef Stini
Wien

Mit 78 Textabbildungen

Wien
Springer-Verlag
1952

ISBN-13:978-3-211-80283-0   e-ISBN-13:978-3-7091-7815-7
DOI: 10.1007/978-3-7091-7815-7

Vorwort.

Es ist wohl ein Wagnis, wenn ein Nichtmineraloge eine
„Technische Mineralogie" niederschreibt. Wenn ich trotzdem
den Mut dazu aufgebracht habe, so schöpfe ich ihn aus zwei
Erwägungen. Erstlich war es der Wunsch des Verlages, bei
einer Neuauflage meiner „Technischen Gesteinkunde" den
mineralogischen Teil herauszunehmen und selbständig erscheinen zu lassen. Zweitens bin ich der Meinung, daß Mängel
und sogar Fehler in mineralogischer Hinsicht für eine Technische Mineralogie weniger schädlich sind als Mängel in bau-
technischer Hinsicht, wenn ein reiner Mineraloge ein solches
Buch verfassen würde.

Man kann mir weiters vorwerfen, daß die gelegentlichen
Aufzählungen von Mineralvorkommen das Buch unnütz be-
lasten; dies mag bis zu einem gewissen Grade zutreffen; andererseits aber mahnen solche, den Bergbau und den Fach-
mineralogen in erster Reihe angehenden Lagerstättenhinweise
den Bauingenieur zur Achtsamkeit, wenn er in ihrer Nähe
baut und mit Ausläufern solcher Vorkommen zu rechnen hat.

Im übrigen ist die Stoffgliederung und auch die Darstellung dieselbe geblieben wie im mineralogischen Teile der
„Technischen Gesteinkunde"; sie scheint sich bewährt zu
haben; wenigstens sind mir keine gegenteiligen Äußerungen
zu Ohren gekommen. Neben den wenigen Hauptbestandtei-
len technisch wichtiger Gesteine bringt das Büchlein auch
eine große Zahl von Mineralien, auf welche der Ingenieur
selten stößt, welche ihn aber trotzdem interessieren können;
es will daher auch zum Nachschlagen dienen.

Die Neuerscheinung wendet sich in erster Linie an den
werdenden und an den bereits ausgebildeten Tiefbauingenieur.
Sie wünscht aber auch dem Hochbauer, dem Steinbruchfach-
mann und dem Wirtschaftler bei der Bestimmung der in

seinen Nutzgesteinen enthaltenen Mineralien behilflich zu sein. Auch der angehende und der junge Fachgeologe mag manches „Technische" darin finden, was ihm bei der Erstattung von Gutachten von Nutzen sein kann. Für den Bergingenieur ist das Büchlein nicht geschrieben.

Dem Verlage muß ich für die gewohnt gute Ausstattung des Buches danken.

H i n t e r b r ü h l, im Herbst 1952.

Dr. Josef Stini.

Inhaltsverzeichnis.

Anhang.

Einleitung.

Die M i n e r a l o g i e ist jene Wissenschaft, welche sich mit den M i n e r a l i e n, ihrer Entstehung, ihren Eigenschaften, ihrem Vorkommen, ihrer Umwandlung usw. beschäftigt.

Als Mineralien bezeichnet man in der Hauptsache einheitliche (homogene), kristalline (kristallisierte), chemisch wohlumrissene Stoffe natürlicher Entstehung. Damit schließt der Mineralbegriff Kunstgebilde aus; er läßt aber in seiner Erweiterung auch natürlich vorkommende, gestaltlose (amorphe) Körper als Gelmineralien zu und gestattet auch anhangweise die Behandlung von kohligen Stoffen, Erdöl usw.

Mineralvorkommen haben immer eine geringe Ausdehnung. Nehmen Anhäufungen von Mineralien einen w e s e n t l i c h e n Anteil am Aufbaue der Erdrinde, so spricht man von „G e s t e i n e n".

Wir nennen Gesteine (Bergarten) e i n f a c h, wenn sie nur aus einem einzigen Mineral bestehen, z u s a m m e n g e s e t z t aber, wenn zwei oder mehrere Mineralien die Bausteine einer Bergart ausmachen. So ist z. B. der aus einer Unzahl von Kalkspatkörnern aufgebaute Kalkstein ebenso wie der Gips, wenn er eine ganze Lagerstätte aufbaut, ein einfaches Gestein; die Bergart Granit besteht vorwiegend aus den Mineralien Feldspat, Quarz und Glimmer (oder Augit, Hornblende) und zählt daher zu den zusammengesetzten Gesteinen.

Die meisten Mineralien kommen nicht rein vor, sondern schließen Verunreinigungen ein. Solche Fremdkörper in Kristallen heißen Einschlüsse; gar oft zeigen sie eine gesetzmäßige Anordnung im Kristall. Mit den Eigenschaften der Kristalle beschäftigt sich die K r i s t a l l o g r a p h i e; ihre Grundbegriffe setzt das Büchlein voraus. Es kann sich auch nicht mit den Lehren der sog. A l l g e m e i n e n M i n e r a l o g i e beschäftigen, sondern schildert bloß jene Mineralien, welche am Aufbaue von bautechnisch wichtigen Gesteinen entscheidenden Anteil nehmen. Es beschäftigt sich daher nicht mit den Mineralien der bergwirtschaftlich wichtigen „Lagerstätten" und auch nicht mit den Mineralien der seltener vorkommenden oder nur wissenschaftlich bedeutsamen Bergarten.

Bei der Gliederung des Stoffes, welcher die Eigenschaften, die Entstehung, Umwandlung und das Vorkommen der einzelnen Mineralien beinhaltet, geht man in der Regel von chemischen Gesichtspunkten aus. Nach ihnen reiht man die Mineralien in Familien, Gruppen usw. ein.

Den Bedürfnissen der Praxis und besonders jenen des Hochbauers, des Baumeisters und des Tiefbauingenieurs kommt man aber wohl mehr entgegen, wenn man drei große Hauptgruppen von Mineralien schafft, welche den drei Gruppen der Gesteine entsprechen, die sie aufbauen. Demgemäß behandelt der erste Abschnitt des Büchleins die Mineralien der Durchbruchgesteine, der zweite die mineralischen Bestandteile der Absatzgesteine und der dritte die Mineralien der Umprägungsgesteine (metamorphen Gesteine).

Zum näheren Eingehen in den Stoff empfehlen sich u. a. folgende Lehrbücher der Mineralogie und ihrer Teilgebiete:

J a s m u n d, K., Die silikatischen Tonminerale. Weinheim, Bergstr. 1951. Verlag Chemie, G.m.b.H.

K ö h l e r, Alexander, Das Bestimmen der Minerale. Wien 1949, Springer-Verlag.

K r ü g e r, Karl, Mineraltechnik für Bauingenieure. Berlin 1929, Allgemeiner Industrie-Verlag G.m.b.H.

L i n c k, G. und H. J u n g, Grundriß der Mineralogie und Petrographie. 290 S. m. 340 Abb. Jena 1935, Gustav Fischer.

M a c h a t s c h k i, Felix, Vorräte und Verteilung der mineralischen Rohstoffe. Wien 1948, Springer-Verlag.

M a c h a t s c h k i, Felix, Grundlagen der allgemeinen Mineralogie und Kristallchemie. Wien 1946, Springer-Verlag. Dieses handliche Büchlein bietet eine vortreffliche Einführung in den Stoff, welche bestens empfohlen werden muß.

N i g g l i, P., Lehrbuch der Mineralogie. II. T. Spezielle Mineralogie. 697 S. m. 330 Abb. Berlin 1926, Gebr. Bornträger.

S t r u n z, Hugo, Mineralogische Tabellen. Leipzig 1941. Akademische Verlagsgesellschaft.

Erklärung häufig gebrauchter Abkürzungen.

$k =$ Wärmeleitfähigkeit, die in cal ausgedrückte Wärmemenge, die bei einem Wärmegradgefälle von 1^0 C je cm durch $1 cm^2$ hindurchgeht (Dimension: $cal.cm^{-1}.sec^{-1}.grad^{-1}$ oder $cm.g.sec^{-3}.grad^{-1}$).

$w =$ besondere (spezifische) Wärme.

$O =$ elektrische Leitfähigkeit (spez. Widerstand) in Ohm.

$E =$ Dehnungszahl, Elastizitätsmodul; Dimensionen: $cm^{-1} gsec^{-2}$ $(ml^{-1}t^{-2})$.

Die Mineralien der Durchbruchgesteine.
(Schmelzflußmineralien, Urmineralien).

Die Durchbruchgesteine setzen sich aus Mineralien zusammen, welche beim Aufstiege feurigflüssiger Massen aus der Tiefe der Erdkruste herauf sich gebildet haben.

Die allmähliche Erkaltung der aufsteigenden, zum Teile noch in der Erdrinde stecken bleibenden, zum Teile aber bis zur Erdoberfläche empordringenden Schmelzflüsse nötigt Stoffe und Stoffgruppen dieser Glutflüsse, zu erstarren. Unter günstigen Bedingungen, wie sie in der Erdrinde stets, an der Erdoberfläche aber nicht immer vorhanden waren, konnten diese sich ausscheidenden Stoffe kristallisieren; bei sehr rascher Abkühlung an der Erdoberfläche aber bilden sich glasartige Massen, die sog. Gesteingläser; ihre Beschreibung ist Gegenstand der Gesteinkunde. Die Reihenfolge, in welcher sich die Mineralien aus den Schmelzflüssen aussondern, bestimmen Verhältnisse, welche den Ingenieur nicht weiter angehen und daher trotz ihrer hohen wissenschaftlichen Bedeutung hier unerörtert bleiben müssen.

Die Schmelze enthält aber nicht bloß Stoffe, welche schon bei mäßiger Abkühlung fest werden, sondern außerdem auch mehr oder minder große Mengen von Gasen und heißen Lösungen; die unter hohem Drucke stehenden Dämpfe entweichen im Laufe der Abkühlung aus dem Glutflusse und tragen zur Kristallisation aller jener erstarrender Schmelzenteile bei, mit welchen sie in Berührung kommen. Sie dringen auf Klüften und Spalten der Erdkruste in die Nebengesteine der aufsteigenden Schmelzflüsse hinein und bilden dort entweder neue Mineralien oder wandeln schon vorhandene Mineralien in andere um. In ähnlichem Sinne betätigen sich auch die heißen Lösungen. Da die heißen Flüssigkeiten, welche im Gefolge der Schmelzen aus der Tiefe empordrängen, ebenfalls umsomehr sich abkühlen, je mehr sie sich der Erdoberfläche nähern, bilden auch ihre Ausscheidungen eine Reihe mit abnehmendem Erstarrungspunkte. Von den nur mehr lauwarmen Wässern, welche da und dort die letzten Ausläufer der Glutflußtätigkeit darstellen, führt dann ein allmählicher Übergang zu den gewöhnlichen Absätzen aus den kalten Quellen an der Erdoberfläche.

Es darf uns daher nicht wunder nehmen, wenn wir einzelne Mineralien, welche wir im ersten Hauptstücke besprechen, auch in gewöhnlichen Absatzgesteinen antreffen; von den Mineralien der Absatzgesteine erwähnen wir dann im zweiten Hauptstücke nur solche, welche diese Bergarten nicht mit den Durchbruchgesteinen gemeinsam haben. Einzelne Mineralien, welche sich sonst aus Schmelzen bilden, überdauern auch die in der Erdrinde häufigen Umprägungvorgänge oder bilden sich gelegentlich während ihres Ablaufes. Zur Schilderung gelangen dann im dritten Hauptstücke nur mehr jene Mineralien, welche den Umprägungsgesteinen besonders eigen sind.

Grundstoffe (Elemente).

Graphit. H (Härte) $= \frac{1}{2}$ bis 1, D (Dichte, Wichte, Raumgewicht) $= 1.9$ bis 2.3 meist 2.1 bis 2.2. Strich schwarz, metallisch glänzend. Farbe dunkelstahlgrau bis bläulichgrau, undurchsichtig; auf größeren Flächen lebhafter Metallglanz im auffallenden Lichte; in kleinkörniger oder feinschuppiger Ausbildung matt bis erdig; fühlt sich kalt und fettig an; färbt wegen seiner Weichheit ab (Strich schimmernd-grauschwarz), weshalb er zum Schreiben verwendet werden kann („Reißblei", „Bleistift"), woher auch sein Name (griech. gráphein = schreiben) stammt.

Graphit kristallisiert hexagonal-rhomboedrisch; vollkommene Spaltbarkeit nach der Endfläche (0001); die Spaltblättchen sind gemeinbiegsam; gesteinbildend tritt er auf

a) in Form sechsseitiger oder rundlicher, zuweilen auch ausgefaserter, gemeinbiegsamer Schüppchen oder Blättchen, rein oder verunreinigt mit Kiesen, Kalkspath, Silikaten usw.; diese schuppig-blättrige Abart wird in Bayern und in der Steiermark „Flinz" (Flockengraphit; flakes) genannt und eignet sich besonders zur Herstellung von Schmelztiegeln. Wertvoller ist der sogenannte „Silbergraphit";

b) in stenglig-fasrigen Aneinanderhäufungen; hierher gehören viele sehr reine und dem Schuppengraphit hinsichtlich Festigkeit und Gleichmäßigkeit überlegene Graphite;

c) dicht, als milde erdige Gehäufe, krümelig, und oft staubfein (Graphitoid; färbender Stoff vieler Gesteine (Glimmerschiefer, Blätterschiefer), welcher selbst bei stärkster Vergrößerung unter dem Mikroskope nicht mehr kristallin erscheint; örtlich „Dachel" genannt.

Stofflich stellt Graphit nahezu reinen, kristallinen Kohlenstoff dar (C). Zum Unterschiede von Bitumen und kohligen Stoffen, welche leicht verbrennen, ist Graphit vor dem Lötrohre fast unschmelzbar; er verbrennt an der Luft erst bei etwa 3500° C. Säurefest und unverwitterbar bleibt er im Verwitterungsboden erhalten und färbt ihn blaugrau bis schwärzlich; reichliche Beimengung schüppchenförmigen Graphites zu Tonen gibt rutschungsgefährliche Schlufftone ab, wie überhaupt graphitreiche Böden zu hoher Beweglichkeit neigen. Je nachdem sich Graphit nach dem Anfeuchten mit roter, rauchender Salpetersäure beim Glühen zu wurm- oder moosähnlichen Gebilden aufbläht oder nicht, hat man Graphit und Graphitit unterschieden. Der Unterschied beider Abarten dürfte nur in der Formausbildung liegen, indem der blättrige Graphit die Säure begieriger aufsaugt, deren Dämpfe ihn dann beim Glühen nach den Spaltflächen auseinandertreiben. Graphitpulver mit rauchender Salpetersäure und chlorsaurem Kali behandelt, geht in gelbe, zerknallende Graphitsäure über.

Guter Leiter der Wärme und Elektrizität; W = 0.197 bis 0.202 bei gewöhnlichen Wärmegraden; K = etwa 0.01. Gut durchlässig für Röntgenstrahlen.

Vorkommen: Im Gneis nordwestlich von Passau (Pfaffenreuth, Diendorf, Willersdorf), bei Wunsiedel (Bayr. Wald), in südböhmi-

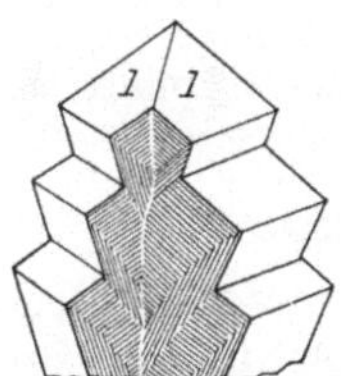

Abb. 1. Speerkies; wiederholte Zwillingbildung. Nach Hochstetter-Bisching-Toula.

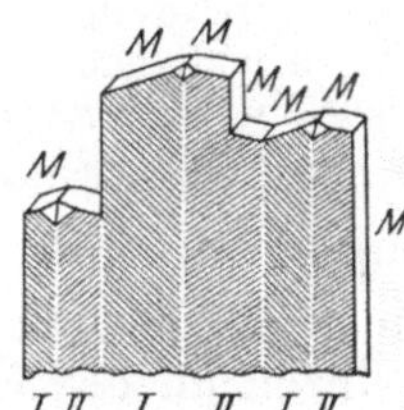

Abb. 2. Kammkies; wiederholte Zwillingbildung. Nach Hochstetter-Bisching-Toula.

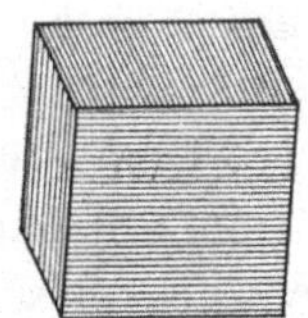

Abb. 3. Schwefelkies; Würfel mit den Kanten gleichlaufender Streifung.

schen Gneisen (Schwarzbach, Mugrau, Krumau, Kollowitz, nordwestlich von Budweis), in Gneisen Mährens (Hafnerluden, Schlögelsdorf, Schweine bei Müglitz, Altstadt), im altzeitlichen Schiefer Obersteiers (Kaisersberg, Mautern, Leims, Bruck a. d. Mur, Palbersdorf bei Aflenz, Veitsch, Sunk und St. Lorenzen bei Trieben, Rottenmann) und Niederösterreichs (Prein), in Gneisen und kristallinen Schiefern des niederösterreichischen Waldviertels (Brunn a. Walde, Geras, Mühldorf, Nasting bei Weitenegg, Fürholz bei Persenbeug, Röhrenbach bei Horn, Schönbichl (Dunkelsteinerwald), Artstetten, Wollmersdorf usw.), in Italien (in altzeitlichen Schiefern der ligurischen und kottischen Alpen), in England (Gruben von Cumberland usw. zumeist stark erschöpft), im südlichen Ural, im Kaukasus, in Sibirien, Japan, Indien, auf Ceylon, Neuseeland, Madagaskar und in Nordamerika (New-Jersey, Kanada, Kalifornien, Mexiko).

Verwendung: Zum Tränken von Gummi; graphitdurchtränkte Gewebe (Baumwolle, Asbest, Jute usw.) geben ein gutes Dichtemittel für Kolben. Zu Schmelztiegeln verwendet man entweder den billigeren, dichten oder den kristallinen Graphit in glimmerähnlichen Blättchen (Flinzgraphit); das Schüppchengefüge verhindert das Rissigwerden

der Tiegel (bayrische und steirische Graphite); diese Wirkung mach-
ten sich bereits wilde Volksstämme beim Verfertigen ihrer Tonge-
schirre zunutze. Für die Bleistifterzeugung werden nur derbe, dichte,
sehr feinschuppige Graphite verwendet (böhmische, russische, mexi-
kanische und gewisse Ceylongraphite). Wegen seiner Weichheit, fet-
tigen Oberfläche und Haftfähigkeit am Eisen dient reinster (silikat-
freier) feinstschuppiger Kleinchengraphit als Schmiermittel. Sein hoher
Glanz bewog schon die alten Völker, blättrige Abarten zum Glätten
von Tongeschirren zu verwenden; auch heute noch findet er als Ofen-
putzmittel, Rostschutzfarbe und als sonstige, schwarze Erdfarbe Verwertung; auch werden mit ihm Schieß- und rauchschwache Pulver
geglättet. Seine hohe Leitungsfähigkeit für Elektrizität macht ihn für
Sammelelektroden, galvanoplastische Zwecke, zum Füllen von Trocken-
elementen usw. geeignet. Schrote werden durch Glätten mit Graphit
schlüpfriger und kleben nicht aneinander.

Mit den Naturvorkommen des Graphites steht künstlich erzeugter
Graphit in steigendem Wettbewerb.

Graphit scheidet sich zuweilen aus heißen Dämpfen und ähnlichen
Feuerbergaushauchungen aus. Meist aber bildet er sich durch Umwandlung von Lebewesenresten und gehört dann zu den Umprägungs-
mineralien; Köhler A. möchte diese Entstehung des Graphites als
die fast alleinige ansehen.

Schwefelverbindungen (Sulfide) der Grundstoffe.

Die Schwefelverbindungen der Grundstoffe verraten ihren
Schwefelgehalt beim Erhitzen an der Luft durch die Aussto-
ßung von stechend riechendem Schwefeldioxydgas.

Bautechnisch wichtig sind nur die

Einfachschwefelverbindungen $\begin{cases} \text{Fe S (Magnetkies, Einfach-} \\ \text{schwefeleisen),} \\ \text{Cu Fe S}_2 \text{ (Kupferkies)} \end{cases}$

und die

Doppelschwefelverbindungen
Fe S$_2$ $\begin{cases} \text{Schwefelkies; tesseral; bestän-} \\ \text{dig. — Wasserkies; rhombisch;} \\ \text{halbbeständig.} \end{cases}$

Magnetkies. H = 3½ — 4½, D = 4.54 — 4.64. Hexagonal,
doch selten in Kristallen vorkommend, meist derbe, fein- bis
grobkörnige Gehäufe bildend. Frisch bronzefarben, metallglän-
zend, läuft er an der Luft rasch tombackbraun an und wird
matt. Strich grauschwarz. Spröd. Mehr minder magnetisch. Ein-
fach-Schwefeleisen = Fe S; die Analysen führen auf die Formel Fe$_n$ S$_{(n+1)}$, doch dürften Beimengungen von Eisenkies oder
Einlagerungen von überschüssigem Schwefel im Kristallgitter
die Abweichungen bedingen. Salzsäure löst ihn ziemlich leicht
unter Entbindung von Schwefel und Schwefelwasserstoff. Bei
der Verwitterung liefert er verhältnismäßig viel weniger Schwefelsäure als der Eisenkies und wirkt daher auch nicht so zer-

störend auf die umgebenden Gesteinmassen ein als Eisenkies (siehe diesen).

Gesteinbildend trifft man ihn in vielen, basischen Durchbruchgesteinen als Ausscheidung aus dem Schmelzflusse; außerdem in basischen kristallinen Schiefern, in Pegmatiten usw. Oft führt er Nickel (2 bis 3%) und bildet dann nicht selten ein geschätztes Nickelerz. Herstellung von Schwefelsäure, Polierrot usw.

Strahlkies (Wasserkies, Markasit; Markaschitsa, arab. = Feuerstein). Rhombisch-tafelige, beilförmige oder niedersäulige Kristalle, nadelige bis strahlige Aneinanderhäufungen (Strahlkies), dichte Massen (Leberkies), außerdem durch wiederholte Zwillingsbildungen spießartige (Speerkies; Abb. 1) oder kammartige Formen (Kammkies, Abb. 2); auch in traubigen nierigen, knolligen, kugeligen bis tropfsteinähnlichen Gehäufen. Graulich oder schwach grünlich, speisgelb bis ganz hell („Wasserkies"), metallisch glänzend, nur in den dichten Abarten matt; oft bunt, besonders grünlich anlaufend. Bruch uneben; Spaltbarkeit undeutlich (uneben). Am Stahle funkengebend, mit dem Messer nicht ritzbar. H = 6 bis 6,5, D = 4.75 bis 4.88. Zersetzt sich in derselben Weise, nur noch leichter als Eisenkies. Bildet sich bei mäßigen Wärmegraden und findet sich daher in Absatzgesteinen aller Art. Anwesenheit von Säuren begünstigt seine Entstehung; Versteinerungmittel von Lebewesen. Dieses Mineral der Absatzgesteine findet hier nur Platz wegen seiner chemischen Verwandtschaft mit dem Schwefelkiese und dem Magnetkiese.

Eisenkies (Schwefelkies, Pyrit) H = 6 bis 6½ (wie Strahlkies), D = 4.95 bis 5.2 (schwerer als Wasserkies). Kristalle: meist Würfel (Flächen öfters den Kanten gleichlaufend gestreift, Abb. 3), Achtflächner (Oktaeder) oder Fünfeckzwölfflächner (Abb. 4); die Formen sind nicht selten durch den Gebirgsdruck gequetscht und schiefwinkelig verdrückt. Kleine Körnchen und körnige Gehäufe, auch derb eingesprengt. In frischem Zustande sofort durch seinen lebhaften Metallglanz ins Auge fallend. Spröde; Bruch uneben, muschelig. Ein überaus häufiger Gemengteil, nicht bloß der Durchbruchgesteine, sondern auch aller übrigen Felsarten („Hans Dampf in allen Gassen"). Versteinerungsmittel.

Speisgelb („Katzengold"), oft bunt angelaufen (Farbenspiel dünner Blättchen als erstes Anzeichen beginnender Verwitterung, die schließlich zu braunen Farbtönen (Brauneisenbildung) führt); der lebhafte Metallglanz der Kristalle wird mit zunehmender Kleinheit der Körperchen (z. B. in dichten Gehäufen) immer matter. Guter Leiter der Elektrizität. $Fe\,S_2$, häufig mit Gehalt an Gold (Radhausberg und Naßfeld bei Gastein) und Arsen. In Salzsäure kaum löslich, wird er von Salpetersäure unter Ausscheidung von Schwefel zersetzt. Wärmegrade über 575⁰ verwandeln ihn unter Abspaltung von S in Magnetkies.

Technisch findet der Schwefelkies Verwendung zur Gewinnung von Schwefel (53.3 v. H.), zur Herstellung von Schwefeldioxyd (Papiererzeugung!) und von Schwefelsäure, von Eisenvitriol, Alaun usw. Die bei der Schwefelsäuregewinnung und beim Sulfitverfahren der Zellstofferzeugung anfallenden, immer noch 3 bis 5 v. H. Schwefel enthaltenden Kiesabbrände, welche zu 60 bis 80% aus Eisenoxyd bestehen, liefern rote Anstrichfarben und den Rohstoff für die Darstellung von Eisensalzen, dienen weiters zur Entkeimung von Latrinen, zur Zerstörung des Grases im Schotterbette der Bahnen, als Zuschlag bei der Eisenerzeugung usw. Schmuckstein. In alter Zeit als Feuerstein benützt, daher der Name (pyr griech. = Feuer, pyritis = Feuerstein).

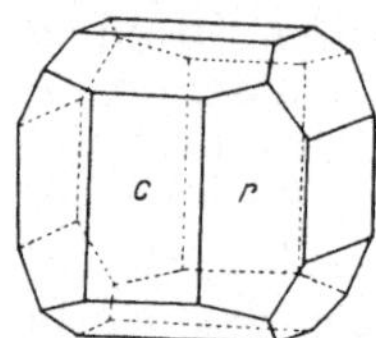

Abb. 4. Schwefelkies. Verknüpfung des Würfels (c) mit dem Fünfeckzwölfflächner (r; Pentagondodekaeder). Nach Hochstetter-Bisching-Tula.

Abbauwürdige Kieslager finden sich in Spanien (Huelva-Gebiet mit der hydrothermalen, größten Lagerstätte von Rio Tinto), Italien, in Frankreich (Sain Bel und Chessy a. d. Rhône), in Österreich (Sillian, Naintsch bei Anger, Groß-Fragant, Schwarzenbach bei Lend, Kallwang, Rettenbach bei Mittersill, Groß-Stübing (Steiermark), in der Walchen bei Öblarn, auf Zypern, in Serbien (Majdan pek), in Deutschland (Meggen, Rammelsberg), in Skandinavien, im Kaukasus und Ural, in Nordamerika usw.

Die Zersetzungserscheinungen des Schwefeleisens.

Unter Wasserbedeckung oder sonstigem Luftabschluß (z. B. in satt ans Gebirge anliegend ausgemauerten und hinterpreßten Stollen und Tunneln) geht die Zersetzung des Schwefeleisens nur sehr langsam vor sich; in solchen Fällen vermag selbst reichlich eingesprengter Schwefelkies den Bauwerken nicht zu schaden. Kommt aber der Kies mit feuchter Luft in Berührung, so spaltet sich das Doppeltschwefeleisen in schwefelsaures Eisen (Eisenvitriol, Eisensulfat) und freie Schwefelsäure etwa nach der Formel

$$Fe\,S_2 + H_2O + 70 = Fe\,SO_4 + H_2\,SO_4.$$

Das schwefelsaure Eisen wandelt sich, ein weiteres Molekül Schwefelsäure abspaltend, auf ziemlich verwickelte Art in Brauneisen um und färbt die benachbarten Gesteinmassen ockerbraun oder wandert noch weiter fort, Ablagerungen von Brauneisen bildend und gelegentlich Sande verkittend. Das

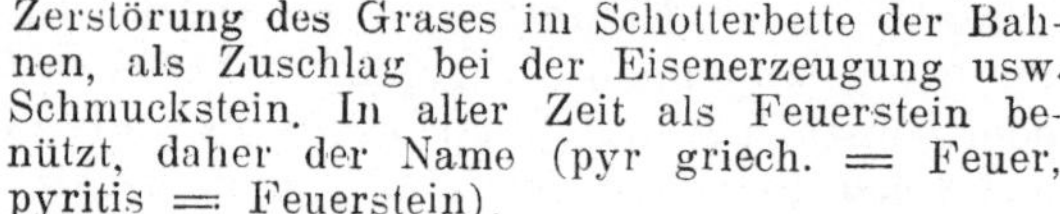

Einfachschwefeleisen entbindet neben Brauneisen gleichfalls Schwefelsäure, aber nur die Hälfte jener Menge, die vom Doppelschwefeleisen unter gleichen Umständen freigemacht wird. Die entbundene Schwefelsäure aber bewirkt verschiedene, oft sehr lebhafte Umsetzungerscheinungen in den Gesteinen oder im Boden. So wandelt sich beispielsweise vorhandener kohlensaurer Kalk in Gips um; trifft die Schwefelsäure mit Dolomit zusammen, dann entsteht außer Gips noch Bittersalz ($Mg So_4$); die Einwirkung auf Chlorit und Talk ergibt Bittersalz nebst Kieselsäure; mit Ton gibt die Schwefelsäure ähnlich wie mit Schiefertonen, Tonschiefern und feldspatreichen Gesteinen schwefelsaure Tonerde und Kieselsäure bzw. Alaune. Die Einwirkung der Schwefelsäure zerstört Beton („Zementbazillus") und gewöhnlichen Kalkmörtel. Auf die im Boden wachsenden Pflanzen wirkt die bei der Verwitterung des Doppelschwefeleisens entbundene Schwefelsäure als Gift, wenn zu wenig Basen vorhanden sind, welche die entstandenen Säuremengen binden (arme Böden, bes. Moorböden); die Urbarmachung von Torfgelände, das meist reichlich Doppelschwefeleisen enthält, erfordert daher eine reichliche Kalkgabe oder Mergelung. Diese Dünger sollen die Schwefelsäure, welche die mit der Bodenbearbeitung und Belüftung einsetzende Verwitterung entbindet, sofort mit Hilfe des kohlensauren Kalziums binden und unschädlich machen.

$$CaCO_3 + H_2SO_4 = CaSO_4 + H_2CO_3.$$

Das Schwefeleisen schädigt aber die Pflanzen nicht bloß unmittelbar, wenn es nämlich im Boden vorkommt, sondern auch mittelbar, wenn es sich nämlich mineralischen Brennstoffen einlagert; unsere Kohlen führen regelmäßig etwas Doppelschwefeleisen, weil sie aus pflanzlichen Resten hervorgegangen sind; bei deren Zersetzung unter Luftabschluß setzt sich der im Eiweiß enthaltene Schwefel mit vorhandenen Eisensalzen zu Melnikowit (siehe S. 68) und schließlich zu Strahlkies oder Eisenkies um. Bei der Verbrennung der Kohlen entsteht Schwefeldioxyd (SO_2), ein Gas, welches sich mit dem Wasserdampf der Luft zu schwefliger Säure und zu Schwefelsäure verbindet und trotz seiner Verdünnung in der Außenluft die Blattwerkzeuge der Pflanzen empfindlich schädigt. Auf diese Weise erleiden nicht bloß die Ernten landwirtschaftlicher Gewächse Ausfälle, sondern es werden auch die Waldbäume in ihrer Entwicklung aufgehalten oder zum Absterben gebracht; ja unter Umständen vergiften bei längerer Einwirkung die säurebela-

Unterscheidung der Schwefelverbindungen.
(V. d. L. = Vor dem Lötrohre.)

Magnetkies	Markasit	Schwefelkies	Kupferkies
hexagonal	rhombisch	tesseral	tetragonal
bronzefarben, tombakbraun	graulich speisgelb bis blaßgelb	speisgelb	messinggelb bis goldgelb
Strich grauschwarz	schwarz mit grünem Stich (dunkelgrünlichgrau)	bräunlichschwarz	grünlichschwarz
In Salzsäure löslich, H_2S und Schwefel liefernd	Bereits an feuchter Luft verwitternd	in Salzsäure unlöslich; entwickelt m. Salpetersäure H_2S (Nachweis: Braunfärbung eines mit essigsaurem Blei getränkten Papierstreifens)	In Salpetersäure nicht, aber in HCl löslich; aus der blauen Lösung scheidet sich metallisches Kupfer am blanken Messer ab
magnetisch	unmagnetisch		
vor dem Schmelzen SO_2 entwickelnd	schon beim Erwärmen nach SO_2 riechend	erst beim Verbrennen SO_2 entwikkelnd	erhitzt unter SO_2 Entwicklung zerknisternd; leicht schmelzend
V. d. L. leicht zu einem schwarzen, stark magnetischen Korn schmelzend	V. d. L. unter SO_2 Entbindung zu einem magnetischen Korn schmelzend	V. d. L. mit blauer Farbe u. unter Entwicklung von SO_2 bzw. schwefeliger Säure zu einem schwarzen magnetischen Korn schmelzend	V. d. L. schmilzt er leicht unter Sprühen zu einem grauschwarzen, magnetischen Korn, welches mit Salzsäure die Flamme blau färbt
Mit dem Messer ritzbar. H = $3\frac{1}{2}$—$4\frac{1}{2}$	Mit dem Messer nicht ritzbar; H = 6 bis $6\frac{1}{2}$		Ritzbar mit dem Messer H = $3\frac{1}{2}$ bis 4
D = 4.54 bis 4.64	4.75 — 4.88	D = 4.95—5.2	D = 4.1—4.3
Verwitterungsgebilde ockergelb, ockerbraun bis rotbraun (Brauneisen)			Verwitterungsgebilde rotbraun (Brauneisen), grün (Malachit) und blau (Azurit)
	im Kölbchen Schwefel liefernd		

denen Rauchgase auf dem Umweg über die Niederschläge sogar den Boden („Rauchschäden"). Verheerende Rauchschäden beklagt man auch an den Bauwerken der Großstädte (Kölner Dom, Votiv- und Stephanskirche in Wien usw.); nebelreiches Klima beschleunigt die Zerstörungen (Bauten in London). So erweist sich das Schwefeleisen mittelbar und unmittelbar als ein böser Feind jener Ingenieure und Architekten, welche seinem Vorkommen zu wenig Beachtung schenken.

Kupferkies (Chalkopyrit) H = 3½ bis 4, D = 4.1 bis 4.3. Tetragonale Kristalle (meist Sphenoide; Abb. 5), auch Körner und dichte Aneinanderhäufungen. Messinggelb bis goldgelb, oft blau oder bunt angelaufen. Strich grünlichschwarz. Bruch uneben. $CuFeS_2$.
Wichtiges Kupfererz. Außer in Durchbruchgesteinen in Absätzen

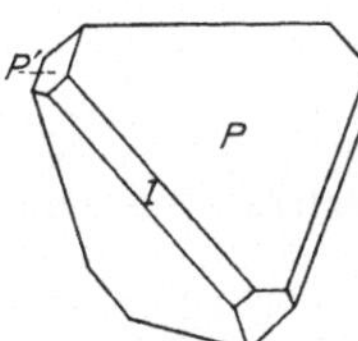

Abb. 5. Kupferkies.
Zwei Sphenoide
(Schein-Tetraeder;
P und P′), gegen-
einander verwendet
und die Säule (l).
Nach Hochstet-
ter-Bisching-
Toula.

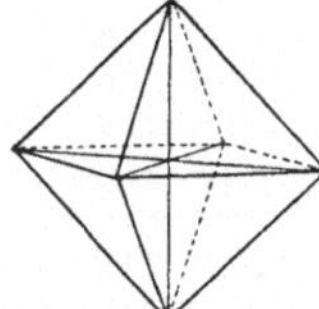

Abb. 6. Magneteisen.
Achtflächner
(Oktaeder).

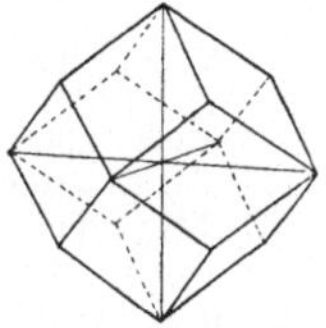

Abb. 7. Magneteisen,
Granat usw. Rau-
tenzwölfflächner
(Rhombendodeka-
eder, Granatoeder).

und umgeprägten Felsarten. Vorkommen: Österreich (Mitterberg und Bischofshofen (Buchberg) in Salzburg), Schlaggenwald in Böhmen, Schemnitz, Kapnick, Oravica, Majdan-pek, Bor, Deutschland (Mansfeld, Harz, Nassau, Westfalen, Sachsen), Kleinasien (Arghano Maden), Spanien (Rio Tinto), Nordamerika, Bolivien, Chile, Peru, Afrika usw.

Mit anderen Schwefelverbindungen wie Arsenkies (FeAsS, monoklin), Zinkblende (ZnS, tesseral) und Bleiglanz (PbS; tesseral) kommen die Bauwerke des Ingenieures wohl selten in Berührung; sie schaden ihnen übrigens gleichfalls durch die Möglichkeit der Bildung von Schwefelsäure.

Sauerstoffverbindungen (Oxyde).

Spinellgruppe.

Magneteisenstein (Magnetit). H = 5½ bis 6½ (vom Feuerstein geritzt, nicht aber vom Messer), D = 4.9 bis 5.2 (ungefähr gleich jener des Schwefelkieses). Häufig tesserale Kristalle (meist Achtflächner, Abb. 6, Rautenzwölfflächner Abb. 7, selten Deltoid-Vierundzwanzigflächner oder Würfel). Die Rautenflächen sind oft nach der längeren Diagonale gestreift oder gerieft. Sonst meist Körner und dichte Gehäufe, auch feinste Säulchen. Eisenschwarz bis dunkelsammetblauschwarz mit mäßigem Metallglanz, unfrisch ins Bräunliche spielend; Strich schwarzgrau bis schwarz, bei angewitterten Stücken braun (Brauneisenbildung). Spröde. Bruch muschelig. Der Magnet zieht Kristalle an; derbe Massen wirken, wohl infolge von Induktion durch Luftelektrizität, oft selbst als natürliche Magnete (Name!). V. d. L. sehr schwer schmelzbar ($1530^0 \pm 10^0$). Fe_3O_4 mit 72% Eisen. Gepulvert in Salzsäure löslich zum Unterschiede von Eisenglanz, Titaneisen, Chromit, welche in Salzsäure schwer oder gar nicht löslich sind; Manganerze, wie Braunstein, Psilomelan usw. entbinden dagegen mit konzentrierter Salzsäure meist Chlordämpfe. Die Verwitterung zu Brauneisen ($Fe_2(OH)_6$) oder Eisenglanz (Fe_2O_3) geht in trockener Luft langsam vor sich, weshalb man in Sanden noch häufig unzersetzte Magneteisenkörner finden kann (Magnetitsande). Aus dem gleichen Grunde kann man Magnetit in Gesteinen praktisch als wetterbeständig betrachten: er zeigt sich gewöhnlich auch dann noch frisch, wenn das Gestein selbst bereits zu Grus zerfallen ist. Entstehung: Aus Schmelzflüssen (eine der Erstausscheidungen!). Dämpfen und Heißlösungen: fehlt aber auch umgeprägten Gesteinen und Absätzen nicht.

Wertvolles Eisenerz. Vorkommen in abbauwürdigen Mengen in Schweden (Dannemora, Kirunavaara, Gellivara), Norwegen (Arendal), Bukowina (Kirlibaba), in Alt-Ungarn (Morawitza), im Ural (Goroblagodat, Wissokaja, Magnetnaja gora), in Nordamerika usw. Kleinere Vorkommen: Steiermark (Plankogel), Niederösterreich (Pitten, Stockern, Lindau, Kottaun), Tirol (Zillertal), Pongau (Eben).

Chromeisenstein (Chromit, Chromeisenerz). $H = 5\frac{1}{2}$; $D = 4.5—4.8$. Tesseral. Vorwiegend Körner und körnige Aneinanderhäufungen, aber auch Achtflächner; mit Vorliebe in magnesiareichen, olivinhaltigen Bergarten auftretend (so z. B. im Peridotit (Dunit) von Kraubath in Obersteiermark, in Makedonien, Griechenland, Kleinasien usw.); in sauren Gesteinen fremd. Bräunlichschwarz, halbmetallisch bis fettig glänzend, Strich braun (Gegensatz zu Magnetit). $FeO \times Cr_2O_3$, doch meist mit etwas Mg und Al. Säuren fast ohne Wirkung, daher sehr wetterfest. V. d. L. unschmelzbar, durch Glühen magnetisch werdend; färbt die Borax- und Phosphorsalzperle smaragdgrün. In Säuren unlöslich (Unterschied von Magnetit).

Wertvolles Chromerz für die Darstellung des Chroms (Bestandteil des technisch wichtigen Chromstahls und Chromnickelstahls) und seiner Verbindungen (Ledergerberei, Farbenerzeugung, Chemikalien usw.). Vorkommen meist in Serpentinen, Noriten, Duniten u. dgl.: Kraubath (Steiermark), Makedonien, Banat (Eibenthal), Norwegen (Rohammer), Albanien, Bulgarien, Ural, Südafrika (Bushveld Berge, Great Dyke), Indien, U.S.A., Kleinasien, Neuseeland usw.

Die übrigen Glieder der Spinellgruppe, wie e d l e r S p i n e l l ($MgO \times Al_2O_3$), H e r c y n i t ($FeO \times Al_2O_3$), P l e o n a s t ($[MgFe]O \times \times [AlFe]_2O_3$), C h r y s o b e r y l l ($BeO \times Al_2O_3$) und P i c o t i t ($[MgFe]O \times [AlFeCr]_2O_3$) mit einer weit größeren Härte ($H = 7—8\frac{1}{2}$) besitzen keine Bedeutung für die technische Gesteinskunde.

„Eisenglanz"- (Korund-) Gruppe.

Eisenglanz (Hämatit; haima griech. = Blut; Blutstein; Glanzeisenerz, Roteisenerz). $H = 6$ (wird vom Messer nicht

geritzt), D = 4.9—5.3. Hexagonale Kristalle (oft Rhomboeder
oder zwei Rhomboeder und verwendete Pyramiden in Verbindung, auch drei Rhomboeder (Abb. 8). Rosenähnliche Aneinanderhäufungen (E i s e n r o s e n); kugelige, traubig-nierige
Ausbildungsarten mit speichig-faserigem und schaligem Aufbau (roter Glaskopf oder Glatzkopf). Körnig bis derb (Glanzeisenerz). Schuppige Formen (dünne kristalline, sechsseitige
Täfelchen, oft mit rundlichen oder gelappten, auch zackigen
Umrissen) heißen E i s e n g l i m m e r; wenn sie sehr zart-
schuppig ausgebildet sind, abfärben, an der Haut haften und
sich fettig anfühlen, jedoch E i s e n r a h m; feinfaserige Abarten werden als B l u t s t e i n (Hämatit) bezeichnet, dichte, kirschrote, glanzlose als
R o t e i s e n s t e i n, abfärbende, erdige, krei-
dige, mit Ton verunreinigte als R ö t e l, dichte, festere, tonreiche als r o t e r T o n e i s e n-
s t e i n (roter Eisenocker) usw. Spröde;
Bruch muschelig, bei dichten Abarten erdig.
Farbe undurchsichtig stahlgrau mit schwa-
chem bis lebhaftem Metallglanz (Eisenglanz,
Glanzeisenerz), rot, rotbraun bis gelblich
durchscheinend (Eisenglimmer) oder kirschrot bis braunrot ohne Metallglanz (Roteisenstein). Eierähnliche Ausbildungen nennt man
r o t e n E i s e n r o g e n s t e i n (Eisenoolith;
oon, gr. = Ei; lithos = Stein). Strich stets

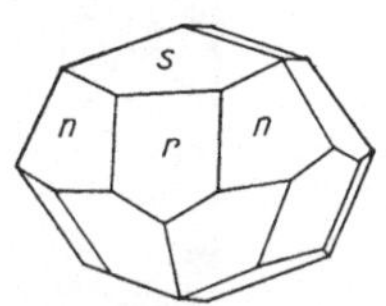

Abb. 8. Eisenglanz.
Verknüpfung von zwei
verschiedenen Rhom-
boedern (Grundrhom-
boeder r, stumpfes
Rhomboeder s) mit
der verwendeten Py-
ramide (n). Nach
H o c h s t e t t e r-
B i s c h i n g - T u l a.

kirschrot (Unterschied von Magneteisen einer- und Brauneisen
andererseits). Fe$_2$O$_3$ mit 70 v. H. Fe; in Salzsäure schwer löslich;
v. d. L. recht schwierig schmelzbar, gibt im Kölbchen kein
Wasser ab.

In den Drusenräumen mancher Laven findet er sich als Zersetzungsgebilde von Eisenchloriddämpfen (z. B. am Vesuv); Ausscheidungen aus Schmelzflüssen, bzw. ihren Dämpfen und Lösungen sind
auch die Vorkommnisse von Waldenstein in Kärnten, des Odenwaldes
usw. Auf zweiter Lagerstätte kommt er z. B. bei Moravitza im Banat
in Lehm eingebettet vor.

Technisch wichtig als hochwertiges Eisenerz (Riesengebirge, Nor-
berg und Stuberg in Schweden, Norwegen, Elba, Brasilien, Gollrad und
Niederalpl bei Gußwerk, Krivoj Rog usw.). Der Blutstein wird zu
Schmuckgegenständen verschliffen oder dient als Glättstein (caput
mortuum) für Edelsteine. Der Eisenglimmer gibt einen Anstrich, welcher die Schiffe gegen das Ansetzen von Austern usw. schützt. Die
Rötel werden als Handwerkerkreide, zu Farbstiften und Malerfarben
verwendet (Roter Ocker, Venezianer-, Englisch-, Preußisch-, Pariser-,
Engelrot).

Der Eisenglanz bildet den Farbstoffträger vieler Mineralien, so des roten Karnallites, des sogenannten Sonnensteines (ein Oligoklas mit Belägen von Eisenglimmerflinserchen auf den Spaltflächen), des Bolus (roteisenhaltiger Tonstein = Toneisenstein), vieler roter Schiefer (Urtonschiefer), mancher Sand-

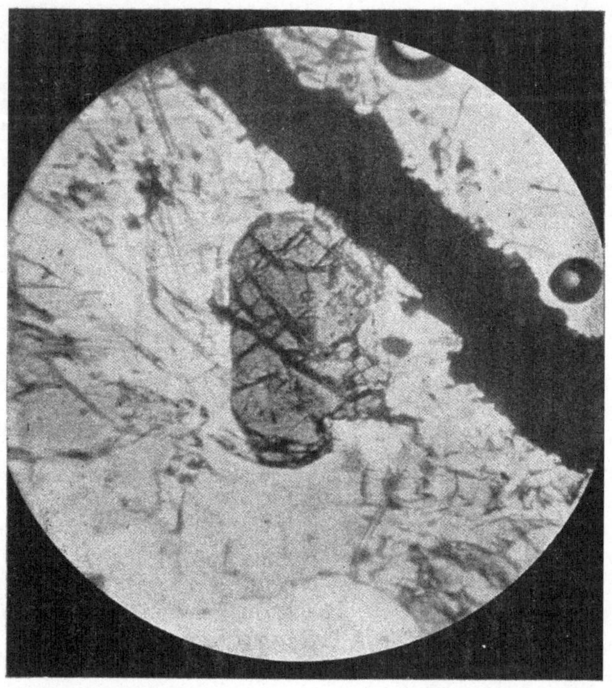

Abb. 9. Titaneisen (breiter, schwarzer Streifen mit „zerhacktem" Rande von oben Mitte schräg nach rechts herab laufend) und Titanaugitkristall (Bildmitte). Rechts oben zwei kleine Luftblasen. Dünnschliffbild des Basaltes vom Pauliberg, Burgenland.

steine und Konglomerate. Da er durch Jahrhunderte hindurch wetterbeständig ist, beeinträchtigt sein Vorkommen den Wert der Bausteine nicht; auch im Boden zersetzt er sich nur schwer.

Titaneisen (Ilmenit; nach dem Vorkommen im Ilmengebirge, Ural). $H = 5\frac{1}{2}$—6, $D = 4.56$—5.21. Hexagonale, flache Täfelchen, dünne sechsseitige Blättchen („Titaneisenglimmer"), Körner, zerhackte Gebilde (Abb. 9). Eisenschwarz metallisch glänzend, in feinster Ausbildung mit freiem Auge der Farbe nach von Magneteisen nicht zu unterscheiden; Strich schwarz bis braunschwarz; Bruch muschelig; $FeTiO_3$: verwitternd ergibt es nicht braune Neubildungen wie Magneteisen, sondern graue, indem es sich nicht in Brauneisen, sondern vorwiegend in Titanit ($CaTiSiO_5$) umwandelt. Unmagnetisch, in Salzsäure (unter Entbindung von TiO_2) sehr schwer löslich. Entstehung vorwiegend aus Schmelzflüssen und aus Restlösungen.

Verwendung des Titans: In der Stahlerzeugung, zur Herstellung von Titanweiß, zur Erzeugung künstlichen Nebels usw.

Vorkommen: In Graniten, reichlich in basischen Durchbruchgesteinen (Basalten, Gabbros, Melaphyren) und in Amphiboliten, zuweilen auch in Sanden („Titaneisensand"). Als Gesteingemengteil technisch belanglos. Abbauwürdige Massen, welche verhüttet werden, finden sich in Nordamerika (Florida, Adiroudacks), Indien und Norwegen (Soggendal-Eckersund).

Silizium- und Titan- Sauerstoffverbindungen.

Quarz: H = 7 (härter als Stahl), D = 2.65. Einer der allerwichtigsten Gesteingemengteile. Kristalle hexagonal-rhomboe-

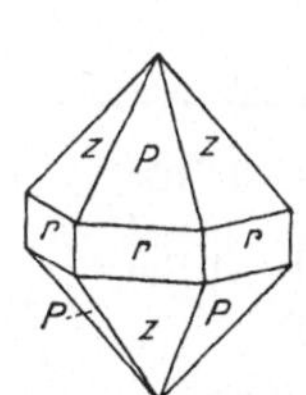

Abb. 10. Häufige Tracht von α Quarz. Zwei Rhomboeder (P, Z) im Gleichgewichte und die Säule (r). „Marmaroscher Diamant". Nach Hochstetter-Bisching-Toula.

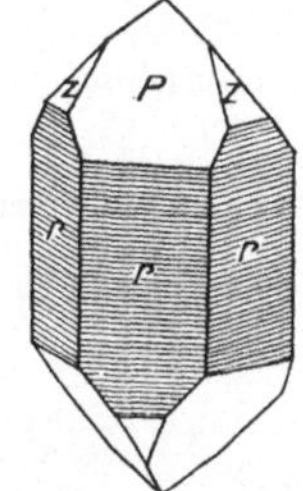

Abb. 11. Häufige Tracht von β-Quarz. Rhomboeder P großflächiger als das verwendete Rhomboeder Z; Säulenflächen quergestreift. Nach Hochstetter - Bisching-Toula.

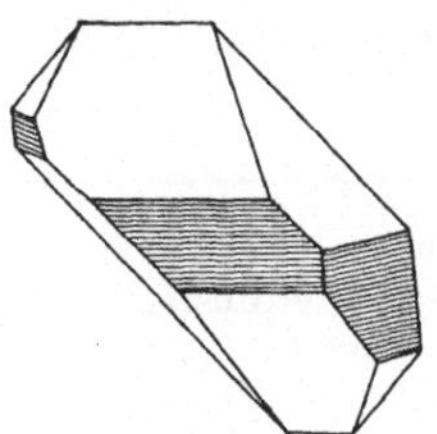

Abb. 12. Verzerrter Quarzkristall. Nach Hochstetter - Bisching-Toula.

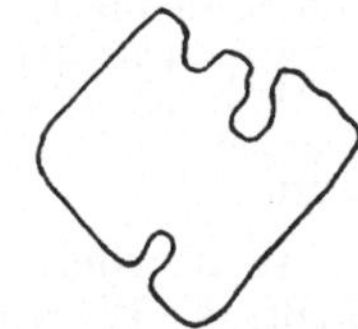

Abb. 13. „Porphyrquarz"; Ecken verrundet; Einbuchtungen und Aushöhlungen.

drisch, meist von der Form sechsseitiger Doppelpyramiden (aus zwei Rhomboedern bestehend, Abb. 10, hier mit Säulenflächen) oder in Form der Säule mit zwei ungleich zur Geltung kommenden, gegeneinander verwendeten Rhomboedern; die Säulenflächen sind meist quergestreift (Abb. 11); oft sind die Gestalten verzerrt (Abb. 12), oder infolge von Anschmelzung verrundet und mit Einbuchtungen versehen (Abb. 13), wie

z. B. in sauren Ergußgesteinen („Porphyrquarze"). Körner, welche als zuletzt festgewordene Bestandteile des Schmelzflusses die Lücken zwischen den früher erstarrten Gemengteilen ausfüllen und so jeder selbständigen Begrenzung ermangeln (Füllquarz, Quarzfülle) in Tiefengesteinen („Tiefengesteinquarze") und ihren Abkömmlingen (Granitgneisen usw.). Zertrümmerte oder abgerundete Quarze finden sich in Sanden, Sandsteinen, Konglomeraten usw.; mitunter setzt sich an die einzelnen Quarzkörner neuer Quarzstoff, sogenannte ergänzende Kieselsäure, an (in den „Kristallsandsteinen"). Auch traubig-nierige oder tropfsteinartige Ausbildungen treten auf.

Der Quarz ist spröde und entbehrt jeder regelmäßigen Spaltbarkeit; die Spaltrisse verlaufen völlig gesetzlos, der Bruch ist muschelig bis splittrig. Vom Gebirgsdruck verschont gebliebene Quarze sind außerordentlich fest:

nach G. Berndt	kg/cm²	
	gleichlaufend	senkrecht
	zur Lotachse	
Druckfestigkeit	25.000—28.000	22.800—27.400
Zerreißfestigkeit	1.160— 1.210	850— 930
Biegefestigkeit	1.400— 1.790	920— 1.180

W nach Pionchon
$$\begin{cases} 0.193 \text{ zwischen } 0^0 \text{ und } 100^0 \\ 0.232 \text{ zwischen } 0^0 \text{ und } 358^0 \\ 0.305 \text{ zwischen } 400^0 \text{ und } 1200^0 \end{cases}$$

Wärmeausdehnung bei 20^0 C, linig: $\parallel$ c $7.5 \cdot 10^{-6}$, $\perp$ c $= 13.7 \cdot 10^{-6}$. Die Schleifhärte des Quarzes auf der Grundfläche ist 2 bis 5mal so groß als jene der Kalifeldspäte.

Wärmeleitfähigkeit (cal bei Wärmegefälle 1^0 je 1 cm und 1 cm² Querschnitt). $\parallel$ zur Lotachse etwa 0.03, $\perp$ zur Lotachse etwa 0.016.

Wasserhell (Bergkristall), durchsichtig, graulich oder gefärbt; z. B. weiß durch lufterfüllte, winzige Hohlräume und Haarrisse (Milchquarz), bläulich durch feinst verteilte Einschlüsse, veil durch Mangan, rot durch Eisenoxyd, gelb bis braun durch Brauneisen; bei starker Färbung mehr oder minder undurchsichtig. Glasglanz auf den natürlichen Begrenzungsflächen, Fettglanz auf den Spaltflächen. V. d. L. unschmelzbar. Löslich in Flußsäure (jedoch weit langsamer als die widerstandsfähigsten Feldspatarten); mit Soda unter Aufschäumen zu Natronwasserglas schmelzend; weder in reinem noch in kohlensäurehaltigem Wasser löslich; Kali- und Natronlauge greifen ihn in Stücken nur wenig an, etwas mehr dagegen in staubförmig feiner Verteilung (also bei sehr großer Oberfläche), und noch mehr Lösungen kohlensaurer Alkalien in der Hitze. Daß auch Quarz etwas löslich ist, zeigen übrigens die vielen Vorkommen von Quarz in der Natur, welche nur durch Auskristallisieren aus Lösungen entstanden gedacht werden können, wie z. B. die Drusen von Bergkristall, die Kluftausfüllungen durch Quarz usw. Immerhin aber widersteht er unter allen wesentlichen Gesteingemengteilen der Zersetzung und vermöge seiner bedeutenden Härte und geringen Abnutzbarkeit auch der mechanischen Aufbereitung am hartnäckigsten. Wir treffen ihn daher nicht nur als Hauptbestandteil vieler Sande, Kiese und Konglomerate, sondern oft auch als einzige Geschiebeart; so dann, wenn der weite Förderweg die übrigen Bestandteile bereits zerrieben oder in Lösung gebracht hat (Glassande, Quarzauslese). In Graniten sehr alter Bauwerke, deren Feldspate schon stark angewittert sind, zeigen die Quarze höchstens eine gewisse Glättung der Oberfläche.

Das Mineral Quarz tritt in zwei Ausbildungsarten auf:

1. *Kristallisierte Abarten* oder freiäugig auflösbare, kristallinische Aneinanderhäufungen. M i l c h q u a r z: undurchsichtige, rein- bis schmutzigweiße, derbe bis einkristallige Abarten. E i s e n k i e s e l: undurchsichtig, durch Brauneisen ockergelb bis rotbraun gefärbt, derb (Braunquarz) oder einkristallig. R o s e n q u a r z: derb, rosenfarbig. B e r g k r i s t a l l: durchsichtig, meist glasklar, in regelmäßigen Kristallen, sehr spröde (zerspringt beim Erhitzen), in Flußschottern gerundet (Rheinkiesel). C i t r i n: wein- bis zitronengelb (Name!) infolge sparsamen Gehaltes an Eisenoxyd. A m e t h y s t (Améthystos; griech. = Trunkenheit verhütend und daher als Talisman gegen Trunksucht verwendet): derbstrahlig, auch in großen Drusen, durch Mn, vielleicht auch durch Fe veil gefärbt; starkes Erhitzen verleiht ihm die Farbe des Citrins. G e m e i n e r K r i s t a l l q u a r z: trübe, undurchsichtige Kristalle, oft von weißer Farbe. M a r m a r o s z e r D i a m a n t e n: durchsichtige Kristalle von α-Tracht, oft mit verzerrten Kristallflächen. M o r i o n: (morosus, lat. = mürrisch, finster), dunkelrauchbraun bis schwarz. S t i n k q u a r z: riecht infolge Bitumgehaltes beim Zerschlagen brenzlich. A v a n t u r i n q u a r z: (vielleicht vom franz. aventure. = Zufall), flimmernd und schillernd infolge feinster, rötlicher Glimmer- und Roteisensteinplättchen, welche ihm auf ebenso feinen Rissen eingelagert sind; eingebettete Bündel fuchsroter Rutilnadeln erzeugen ein ähnliches Farbenspiel. K a t z e n a u g e: grünlichgrau; in die Quarzmasse sind feine Asbestfasern untereinander gleichgerichtet eingebettet, so daß sich auf mugeligen (bauchigen) Anschliffen wandernde Lichtstreifen zeigen; ähnlich das T i g e r a u g e (mit Krokydolith). S a p h i r q u a r z (sappheirus, griech., ein Edelstein): bläulich gefärbt. P r a s e m: lauchgrün (griechisch prásios) durch eingelagerte Hornblendenadeln. R a u c h q u a r z (fälschlich auch Rauch-

topas genannt): rauchgrau bis rauchbraun. Gemeiner Quarz: weißliche (Weißquarz), gelbliche (Gelbquarz, Ockerquarz), rötliche, grauliche, seltener bläuliche oder grünliche, körnige Gehäufe in Gängen, welche man als die letzten, sauersten Ausläufer von aufgestiegenen Schmelzflüssen betrachtet.

Bezeichnungen für Ausbildungsarten sind: Szepterquarz (oberes Säulenende knopfartig verdickt), Sternquarz (innen speichigstrahlig gebaut), Faserquarz (faserig entwickelt), Kappenquarz (lagenartige Anwachsschichten sitzen kappenartig älteren Ausscheidungen auf), Gangquarz (in Gangspalten auftretend) usw.

2. *Feinkristalline*, dem unbewaffneten Auge dicht erscheinende Abarten faßt man unter dem Sammelnamen „Chalzedon“ in weiterem Sinne zusammen. Chalzedone (Chalzedon, Stadt in Kleinasien, „Edelstein“) in engerem Sinne sind meist lichter gefärbte, besser durchscheinende Spielarten von häufig traubiger oder glaskopfähnlicher Ausbildung mit meist wachsartigem Glanz; sie sind aus Kieselsäuregel hervorgegangen. Lagen verschiedener Chalzedone bauen die Achate (nach dem Flusse Achates, dem heutigen Drillo in Sizilien, Abb. 14) auf; die Bezeichnungen Bandachat (gebändert), Moosachat (mit moosähnlichen Einwanderungsgebilden; ähnlich der Mokkastein), Trümmerachat, Regenbogenachat usw. erklären sich von selbst. Nicht selten beteiligen sich an der Zusammensetzung der Achate auch Jaspis (jaspis = Steinart bei Theophrast) unrein, undurchsichtig, rot, gelb oder braun (Nilkiesel), grau, grün, Heliotrop (helios, griech. = Sonne; trepo, griech. = ich wende; heliotropion, Sonnenuhr; lauchgrün mit blutroten Punkten), manchmal als Bandjaspis mit farbiger Bänderzeichnung usw. Die Achate füllen meist Hohlräume (Mandeln, Geoden) in basischen Durchbruchgesteinen aus (Theisser Kugeln aus der Umgebung von Brixen, Nahegebiet). Chrysopras (chrysôs, griech. = Gold; prason, griech., Lauch): apfelgrün, durch Nickeloxydul gefärbt. Karneol (carneus, lat. = fleischrot; roter, durchscheinender Chalzedon) findet sich z. B. in gewissen Lagen des Wasgensandsteines und Bausandsteines so häufig, daß man von Karneolschichten spricht. Felsquarz (Quarzfels) ist dichter, gemeiner Quarz (Gangquarz z. T.). Onyx (onyx, griech. = Fingernagel) und Sardonyx heißen geschichtete, d. h. einfacher und gradliniger gebänderte, weiß, grau bis schwarz gefärbte Spielarten; den porzellanbis emailleartigen Kascholong („Kalmückenachat“), welcher früher zum Opal gerechnet wurde, stellt H. Leitmeier zum Chalzedon. Hornstein und Feuerstein (Flint) sind meist wenig durchscheinend, trüb, braun, grau, gelblich, rötlich gefärbt, sehr dicht und brechen flachmuschelig. Sie treten als Knollen, Linsen, Nester, Adern, Platten, Nieren usw. in manchen Lagen des Kalkgebirges (Feuerstein z. B. in Kreidefelsen) so reichlich auf, daß man von Hornsteinkalken spricht. Feuerstein und Hornstein gehören zu den Zusammenwachsungen (Sammelkristallisation). Technisch wichtig ist die Erschwerung der Bohrarbeiten durch solche harte Einlagerungen; maschinelle Bohrung wird wegen Verklemmens der Bohrer unmöglich und händisches Bohren schreitet wegen der Härte des Hornsteins und der starken Werkzeugabnutzung nur langsam fort. Hornstein splittert noch mehr als der Feuerstein; letzterer entstammt Resten von Lebewesen, besonders der Kreidezeit.

Die Chalzedone werden beim Kochen in Kalilauge zum Teil stark angegriffen und erinnern in dieser Hinsicht an die Opale. Sie saugen

begierig Flüssigkeiten (Eisenchlorid, Chromsäure, Gemische von
Eisenchlorid mit Blutlaugensalz, Honig usw.) auf und nehmen dann
nach dem Glühen, bzw. nach der Behandlung mit Schwefelsäure völlig
haltbare Farben an (rot, blau, schwarz); durch die verschieden rasche
Aufnahmsfähigkeit für Flüssigkeiten in den einzelnen Schichten der
lagenweise gebauten Chalzedone entstehen dann prachtvolle Bän-
derungen.

Dieselbe Zusammensetzung wie Quarz haben T r i d y m i t
(Gr. = Drilling; dünntafelig, rhombisch, pseudo-hexagonal, H =
6.5—7, D = 2.37) und C r i s t o b a l i t (tetragonal?, Berg San Cristo-
bal in Mexiko), H = 6½; D = 2.32—2.33; in letzteren gehen die
Abarten des Quarzes mit verschiedener Geschwindigkeit über, wenn
man sie auf 1400⁰ C erhitzt (K. E n d e l l).

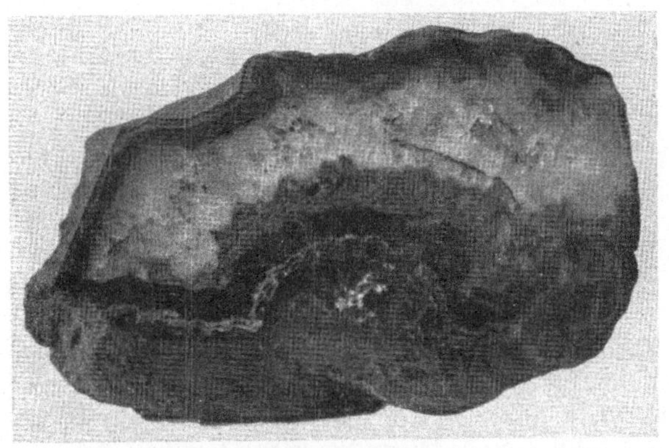

Abb. 14. Achat.

Darnach haben wir:
unter 575⁰ C trigonalen β-Quarz (Tiefquarz, Kaltquarz) D = 2.633
über 575⁰ C hexagonalen α-Quarz (Hochquarz, Warmquarz) D = 2.4
über 870⁰ C Tridymit; D = 2.37. Rhombisch-bipyramidal (pseudo-
    hexagonal).
über 1400—1470⁰ C Cristobalit; D = 2.33. Tetragonal-trapezoedrisch.

Die technische Verwertung des Quarzes beruht größtenteils
auf seiner Härte und Widerstandsfähigkeit. Achate liefern
Reibschalen, Glättsteine usw. Reinen Milchquarz verwendet man
als Füllung der Türme in Zellulosewerken, gemahlen als Filter
und im Sandstrahlgebläse. Gemahlener Quarz wird mit Kalkmilch versetzt, bis zur Sinterung gebrannt und zu Ziegeln gepreßt
(feuerfeste Steine, Dinasziegel; hiezu eignet er sich auch wegen des „Wachsens" im Feuer); auch zur Ausfütterung von
Bessemerbirnen usw. benutzt man ihn. Bergkristall (rein, riß
frei, nicht verzwillingt) verwendet die Elektroindustrie (Ma-

dagaskar, Brasilien). Aus geschmolzenem Bergkristall werden künstliche Gläser erzeugt, welche gegen plötzliche Wärmeänderungen sehr widerstandsfähig sind. Solche Quarze müssen beim Glühen weiß bleiben (Zeichen für Eisenfreiheit); Quarze, welche sich in der Gluthitze rot färben (Eisengehalt $> \frac{1}{2}$ v. H.), eignen sich höchstens für gewöhnliches Flaschenglas. Der Quarz bildet ferner den Rohstoff für die Herstellung von Ferrosilizium, Karborundum und anderen Schleifmitteln (Sandpapier), von Scheuerseifen, Glättmitteln, Kalksandsteinen usw.; er liefert einen wichtigen Beistoff bei der Erzeugung von Emaillen, Glasuren, Porzellan, Schamotten (Magerungsmittel), wetterfesten Anstrichen usw. Wasserwerke benutzen ihn als Seihstoff; wichtige Dienste leistet er im Sandstrahlgebläse, als Normalsand für Zementprüfungen und in der Technik kurzwelligen Lichtes (Durchlässigkeit für ultraveile Strahlen, Quarzlampe). Die farbenprächtigen Abarten von Quarz und Chalzedon werden zu Schmucksteinen verarbeitet. Als Schotter liebt man ihn oft weniger; er ist hart und spröde, bindet schlecht, erschwert den Zugtieren auf ungewalzten Fahrbahnen das Gehen und setzt die Fahrbetriebsmittel raschem Verschleiß aus. Diese Nachteile hat jedoch der neuzeitliche Straßenbau zum größten Teil nicht mehr als solche zu werten. Im Schotterbette von Bahnen bewährt sich seine Unverwitterbarkeit und seine Unfruchtbarkeit, welche den Unkrautwuchs hemmt.

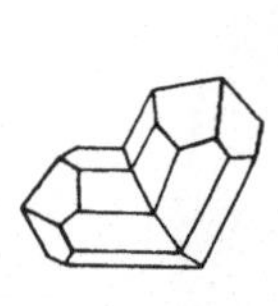
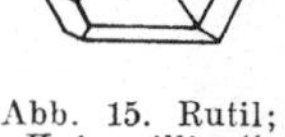

Abb. 15. Rutil;
„Kniezwilling“.

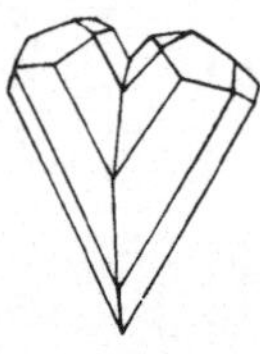

Abb. 16. Rutil;
„Herzzwilling“.

Opal (opala, Sanskrit = Stein). H = $5\frac{1}{2}$—$6\frac{1}{2}$, D = 2.1—2.2. W (weiß) = 0.2375, W (Hyalith) = 0.2033 (J o l y). Gestaltlose, gelartige, meist erhärtete, seltener schleimige, wasserhaltige Kieselsäure ($SiO_2 \times nH_2O$); sie wandelt sich im Laufe der Zeit in Quarz um, dem der Opal nach Bruch (muschelig) und Glanz gleicht. Farbe verschieden. Ein hübsches, buntes Farbenspiel nennt man nach ihm „opalisieren“ (kleine Flecke oder auch größere Flächen leuchten im auffallenden Lichte in den Farben des Regenbogens lebhaft auf infolge der Beugung der Lichtstrahlen an zahllosen, winzigen, teils mit Luft, teils mit neugebildetem Opalstoff erfüllten Haarrissen und Spältchen, welche beim Eintrocknen des Opals aus dem kleichenartigen Zustande sich gebildet haben.) E d e l o p a l (weißlich bis bläulichgrau; gelbrot durchscheinend). F e u e r o p a l (honiggelb bis feuerrot), M i l c h - opal (milchig trübe, oft etwas grünlich, gelblich oder bläulich). G e - m e i n e r Opal (infolge Wasserverlustes matt, verschieden gefärbt, halbdurchscheinend); hierher gehört der nierige, knollenbildende **M e- n i l i t** (Zusammenwachsung in Absätzen), der **W a c h s** opal (gelblich, wachsglänzend), **H o l z** opal (mit holzfaserähnlichem Bau, welcher teils durch schichtigen Absatz, teils durch Verkieselung von Holz unter Abbildung seines Gefüges entstanden ist), **J a s p** opal (durch Brauneisen gelb, bräunlich oder blutrot gefärbt, fettglänzend, undurchsichtig), und der **H y d r o p h a n** (weiß, trübe, ins Wasser gelegt aufhellend und opalisierend; hydor. griech. = Wasser, phainein, gr. = scheinen).

V. d. L. unschmelzbar; gibt im Kölbchen Wasser. Kochende Kalilauge löst ihn restlos (Unterschied von Chalzedon und Quarz).

Opalmassen bilden ein häufiges Versteinerungsmittel (Baumstämme, Muscheln usw.); sie treten als Absätze heißer Quellen (**K i e s e l- s i n t e r b e c k e n** der Geiser; weißlicher bis grauer, oft lückiger und krusten- bis tropfsteinförmiger **G e y s e r i t** und wasserheller, (hyalos, gr. = durchsichtiger Stein) glasglänzender, traubig-nieriger **H y a l i t**), als Ausfüllungen von Hohlräumen, Spalten, Blasenräumen in Durchbruchgesteinen auf und werden auch durch die Lebenstätigkeit niederer Pflanzen des Meer- und Süßwassers (Kieselgur und tripelbildende Spaltalgen = Diatomeen) oder Tiere (Radtierchenhornsteine, Radtierchenerde (z. B. von Zypern, Barbados)) abgeschieden. Sie nehmen auch zuweilen teil am Aufbaue der Hornsteine und der Feuersteine, in welche sie ja allmähliche Kristallisation überführen kann. Der Opal tritt somit sowohl in Erstarrungsgesteinen als auch in Absätzen auf.

Edelopale dienen als Schmuckstein (Fundorte: Czervenitza, Ungarn, in zersetztem Trachyt, Neuseeland), Kieselgur als Packmittel, als Dämmstoff und wegen ihrer aufsaugenden Kraft zur Dynamiterzeugung (jetzt allerdings durch andere Stoffe verdrängt), Tripel und ähnliche Bildungen als Putz-, Schleif-, Verdämmungs- und Glättmittel.

Rutil (lat., rot). Tetragonal. Meist Säulen bis Nadeln oft ohne Endflächen; Fasern, Körner; häufig Zwillinge nach der verwendeten Pyramide (101) („Kniezwillinge", Abb. 15 Winkel der Lotachsen = $114\frac{1}{2}°$) oder nach (301) („Herzzwillinge", Abb. 16, Lotachsen unter $55°$ gegeneinander geneigt). Braunrot, fuchsrot, rötlichbraun, blutrot, auch blond, gelblich oder schwarz (**N i g r i n**; niger, lat., schwarz). Strich gelbbraun. Meist undurchsichtig, in kleineren, klaren Kristallen aber durchsichtig bis durchscheinend. Säulenflächen oft längsgestreift; auf glatten Flächen metallartiger Diamantglanz, sonst Fettglanz. Nach den Säulenflächen (110) vollkommen spaltbar; Bruch halbmuschelig bis etwas uneben. H = $6—6\frac{1}{2}$, D = 4.18—4.3. TiO_2. Wird von Salzsäure und Flußsäure nicht angegriffen, wohl aber durch ein Gemisch von H_2SO_4 und HF oder von heißer Schwefelsäure allein. Phosphorsalzperle veil, bei Eisenreichtum blutrot. Im Gestein nahezu unverwitterbar.

Verwendung: Zur Herstellung feuerbeständiger, verwitterungsfester Farben („Bunzlauer Braun") für die Porzellanmalerei, für Glasuren, Legierungen (Titanstahl, Titankupfer (Cuprotitan), Titankarbid für Elektroden), für chemische Erzeugnisse usw.; auch als Schmuckstein benützt man ihn zuweilen.

Steinsalzverwandte (Einfache Halogenide).

Flußspat: (Fluorit), H = 4, D = 3.1—3.2. Tesserale Kristalle, meist Würfel, Achtflächner, Pyramidenwürfel und ihre Verbindungen (Abb. 17—19); grobe bis mittelgroße Körner, teils eckig, teils tropfenförmig; Körnergehäufe, seltener feinkörnig oder dicht bis erdig und dann schwerer kenntlich.

Rein farblos, trifft man ihn fast stets zur Gänze fleckig oder schalig gefärbt (grün, veil, honig- oder weingelb, blau, rot). Die Färbung wird wohl durch kolloidales Kalzium und z. T. auch durch Kohlenwasserstoffe verursacht und verschwindet beim Erhitzen oder Ausglühen; Radium- und Kathodenstrahlen rufen die Färbung wieder zurück. Tief dunkel gefärbte Abarten (Wölsendorf in der Oberpfalz)

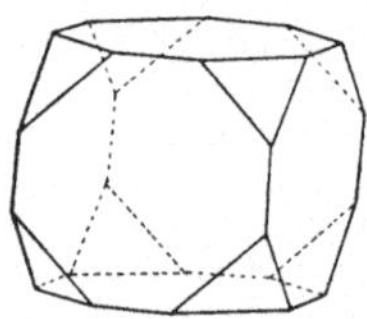

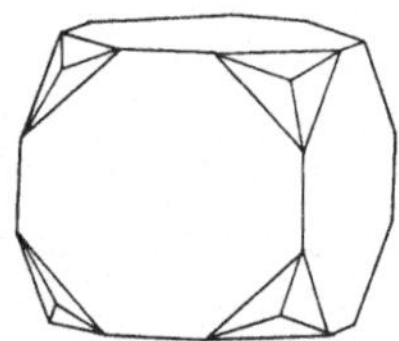

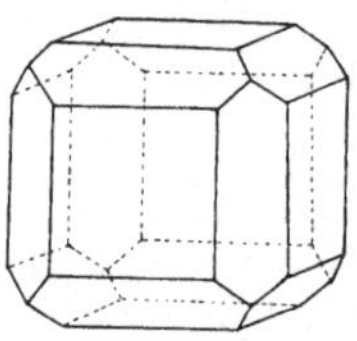

Abb. 17. Flußspat; Würfel, dessen Ecken der Achtflächner abstutzt.

Abb. 18. Flußspat; an den Ecken des Würfels erscheinen die Flächen des Deltoid-Vierundzwanzigflächners (Ikositetraeders).

Abb. 19. Flußspat; die Kanten des Würfels fast der Rauten-Zwölfflächner (Pentagondodekaeder) ab.

riechen daher beim Anschlagen mit dem Hammer (Stinkflußspat) oder beim Erwärmen. Manche Abarten zeigen Fluoreszenz, d. h. ihre Farbe erscheint im auffallenden Lichte anders (blau) als im durchgehenden (grün). Ausgezeichnete Spaltbarkeit nach dem Achtflächner (daher die Bezeichnung „spat"). Glasglanz; Spaltflächen perlmutterglänzend. CaF_2. V. d. L. schwer schmelzbar, oft stark zerknisternd; gibt mit Gips in der Hitze klare, beim Erkalten sich trübende Perlen. Viele Flußspate (z. B. die gelbgrünen Chlorophane; chloros, griech. = gelbgrün) leuchten nach dem Erhitzen (Selbstleuchten, Phosphoreszenz).

Vorkommen: Flußspat ist meist an Gänge gebunden (Erzgebirge, Thüringerwald, Oberpfalz, Harz, Cornwall, Frankreich, Schweiz, Spanien, Italien, U.S.A., China usw.), fehlt aber auch vielen Tiefengesteinen nicht (Rapakiwi, Lithionitgranite, Eläolithsyenite usw.); in einer Quarzporphyrbresche bei Wedekind a. d. Saale kommt er so reichlich vor, daß er das Gestein blau färbt; seltener ist Flußspat in Absätzen (Gutensteinerkalke der Alpentrias).

Verwendung: Als Flußmittel (daher der Name!) bei der Verhüttung (namentlich der Eisenerze) und bei der Erzeugung von Glas und Email, im chemischen Gewerbe zur Darstellung der Flußsäure und ihrer Salze, zu optischen Instrumenten (Linsen, Prismen) usw.

Phosphorsaure Salze.

Apatit (Apatáo, griech. = ich täusche, weil man ihn lange mit dem Schörl verwechselte): H = 5, D = 3.12—3.23. Hexagonale Einzelkristalle (meist die kurze Säule und die Endfläche mit der Pyramide und Gegenpyramide (Abb. 20) verbunden) oder Kristallgruppen; körnige, auch speichig-fasrige und dann glaskopfähnliche Aneinanderhäufungen (P h o s p h o r i t), bisweilen ganz dicht oder erdig (Phosphorit).

Farblos, weiß, aschgrau, hellgelb, spargelgrün (S p a r g e l - s t e i n), bläulichgrün (M o r o x i t; moroxos, griech. = stumpf, wegen der abgestumpften Ecken), lasurblau (L a s u r a p a t i t), manchmal durch Radiumstrahlen veil gefärbt. O s t e o l i t h (osteon, gr. = Knochen), T a l k a p a t i t und H y d r o a p a t i t sind bereits etwas zersetzte Abarten. Auf den Kristallflächen Glasglanz, oft etwas fettartig; durchsichtig bis kantendurchscheinend; Bruch muschelig, etwas wachsartig und fettig; spröde; v. d. L. nur in dünnen Splittern schmelzbar, in Säuren (z. B. Salz- und Salpetersäure) leicht löslich, beim Erhitzen zuweilen mit farbigem Lichte selbstleuchtend. Aus Lösungen fällt molybdänsaures Ammonium (S. 110) einen feinkörnigen, gelben Niederschlag von Ammoniumphosphomolybdat ($4\,H_2O + (NH_4)_3PO_4 + 14\,MoO_3$). Färbt mit Schwefelsäure befeuchtet die Flamme bläulichgrün. Wird bei der Verwitterung durch Aufnahme von Kohlensäure und Wasser trübe und erdig (Talkapatit, Hydroapatit). Phosphorsaures Kalzium mit Chlor und Fluor (Chlorapatit und Fluorapatite): $Ca_3P_2O_8 . CaFCl . Ca(OH)PO_4$, nach anderen $3\,(Ca_3P_2O_8 + CaCl_2 + CaF_2)$; die Zusammensetzung wechselt übrigens; oft mit kleinen Mengen von Fe, Mn, Mg und von seltenen Erden.

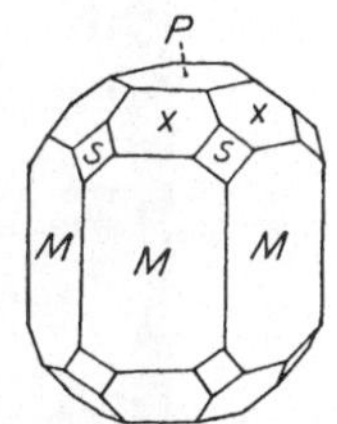

Abb. 20. Apatit. Die Säule (M) verbindet sich mit dem Spitzdach (x, Pyramide), dem verwendeten Spitzdach (s) und mit der Grundfläche (P, Basis). Nach H o c h s t e t t e r - R i s c h i n g - T o u l a.

Apatit findet sich in kleinsten Säulchen usw. allverbreitet (Abb. 21) in den Gesteinen und zeigt sich in ihrem Innern trotz seiner leichten Angreifbarkeit durch Säuren fast immer frisch; seine Anwesenheit ist daher trotz seiner leichten Verwitterbarkeit für die bautechnische Verwendung von Gesteinen wohl immer unbedenklich. Er spielt im Haushalte der Lebewesen eine wichtige Rolle; die dem Ackerboden durch die Verwitterung der Gesteine zugeführte Phosphorsäure wird von der Pflanze aufgenommen, gelangt mit ihr in das Tier und von diesem mittelbar oder unmittelbar in den Kreislauf der sich um- und neubildenden Gesteine.

Man trifft den Apatit außer in den Erstarrungsgesteinen selbst unter anderem häufig als Begleiter der Zinnerzgänge (hier meist

veilchenblau; z. B. im Erzgebirge), auf Kluftausfüllungen basischer
Tiefengesteine, in kristallinen Schiefern, körnigen Kalken, in Magnet-
eisenerzlagerstätten (Lappland) usw. Die faserigen, kugeligen (Phos-
phoritknollen aus einem im Meerwasser ausgeflocktem Gel), nieren-
förmigen oder tropfsteinähnlichen Phosphorite bilden Lagerstätten in
der Kreide Nordfrankreichs und Belgiens, in Deutschland (Staffelit
der Lahngegend, im Tal der Dill, Oberpfalz, Umgebung von Am-
berg), in Galizien, Podolien, in der Bukowina, in Syrien, Palästina,

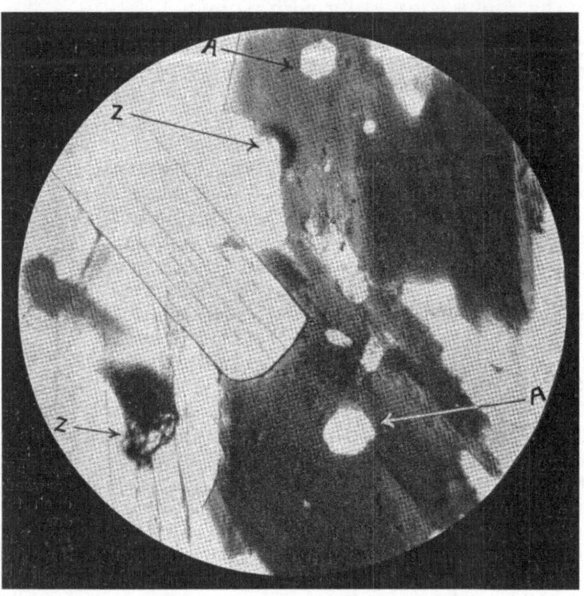

Abb. 21. Apatit (A) im Gestein (Dünnschliffbild); Z Zirkon; Einschlüsse im Biotit
(dunkel). Dunkelgranit (Biotitgranit) von Pulsnitz (Lausitz).

Nordafrika, Nordamerika, Westindien usw. Koprolithen (Kot-
steine) sind zum Teil versteinerte Kotballen von Tieren.

Neben der Verwendung des Apatits und seiner Abarten zur Darstellung der Phosphorsäure, der Bronze und vieler phosphorsaurer
Salze nimmt seine Verwertung als Düngemittel den ersten Platz ein.
Der Rohstoff löst sich in Wasser schwer und wird von den Pflanzenwurzeln nicht ganz leicht aufgenommen. Man muß ihn daher vor
seiner Aufstreuung auf den Boden zuerst in eine leichter lösliche Verbindung überführen. Zu diesem Behufe mahlt man ihn fein und verwandelt ihn durch Behandlung mit Schwefelsäure in ein Gemenge von
leichter löslichem Monokalziumphosphat und Gips, das Superphosphat
des Handels ($Ca_3P_2O_8 + 2\,H_2SO_4 = CaH_4P_2O_8 + 2\,CaSO_4$).

Kieselsaure Salze (Silikate).
Feldspatgruppe.

monoklin:

Orthoklas $K_2Al_2Si_6O_{16}$

Natronorthoklas $Na_2Al_2Si_6O_{16}$

triklin:

Mikroklin $K_2Al_2Si_6O_{16}$

Anorthoklas $(NaK)_2Al_2Si_6O_{16}$

Albit $Na_2Al_2Si_6O_{16}$

Anorthit $CaAl_2Si_2O_8$.

Die Glieder der Feldspatgruppe gehören zu den allerwichtigsten gesteinbildenden Mineralien. Sie treten in den Gesteinen vorwiegend mit schlichten, hellen (weiß, weißgrau, gelblich, bläulich, rötlich) Farben auf und zeigen sehr häufig Kristalltracht; diese liefert meist gedrungene Rechtecke oder Leisten (Abb. 25) als Querschnittsbilder (letzteres dann, wenn die Aus-

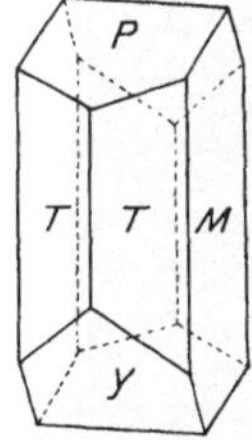

Abb. 22. Orthoklas. Säule (T), Längsfläche (M), Endfläche (P, Grundfläche) und Querdachfläche (y, Querdoma).

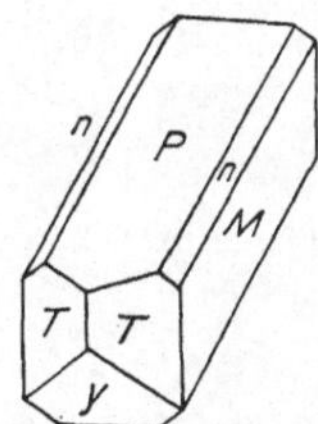

Abb. 23. Orthoklas, nach der Längsachse (Schrägachse) verlängert; n Längsdachfläche; die übrigen Buchstaben wie auf Abb. 22.

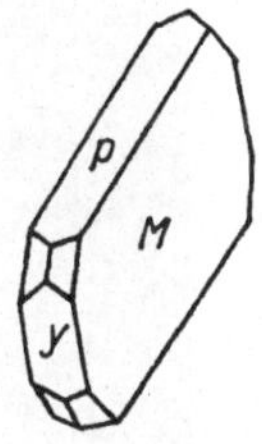

Abb. 24. Sanidin, tafelig nach der Längsfläche (M) entwickelt.

bildung zu tafeligen Kristallen (Abb. 24) führt). Oft ermangeln sie aber auch der regelmäßigen Umgrenzung. Vom regelmäßig brechenden Quarz unterscheiden sie unter anderem die glas- bis perlmutterartig glänzenden Spaltflächen, deren zwei (die Endfläche P und die Längsfläche M) stets genau (monokline Feldspäte) oder nahezu (trikline Feldspäte) senkrecht aufeinander stehen; die Spaltbarkeit der Feldspäte spiegelt sich in der Namengebung wieder; orthós, griech. = gerade, recht, kláo = ich breche, spalte; die Spaltflächen stehen beim Orthoklas genau aufeinander senkrecht, beim Anorthit und beim Mikrolin nicht; mikros (griech.) = klein, klino = ich neige, d. h. wenig vom rechten Winkel abweichend. Auch der alte, deutsche Name Feldspat deutet auf seine gute Spaltbarkeit hin. Beim Drehen des Handstückes spiegeln die Spaltflächen deutlich ein. Die Härte der Feldspäte ist so beträchtlich (H = 6), daß sie vom Stahlmesser nicht mehr geritzt werden; man erzielt durch heftiges Aufdrücken der Messerspitze höchstens ein Absplittern winziger Spaltungsstücke; wohl aber ritzt Quarz die Feldspäte. Die Dichte schwankt je nach der stofflichen Zusammensetzung zwischen 2.54 und 2.76. Die Verschiedenheiten in der stofflichen Zusammensetzung und in der Kristalltracht der Feldspäte werden zu ihrer Einteilung benutzt (siehe obige

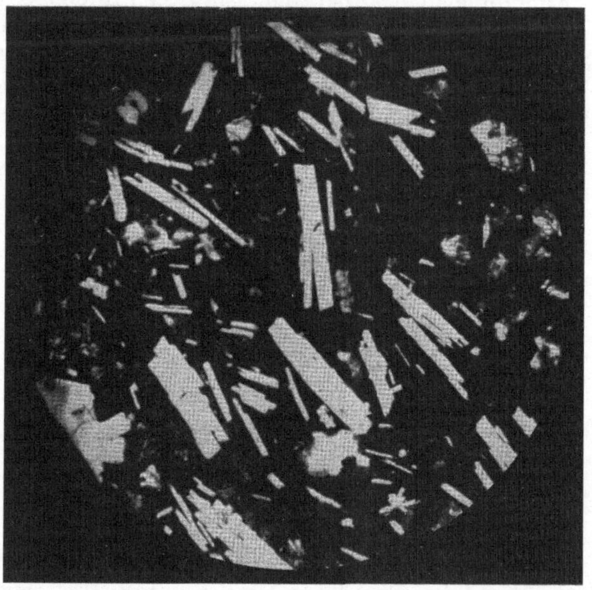

Abb. 25. Leistenförmige Durchschnitte von Feldspat; Dünnschliffbild des Basaltes von Besagno, Südtirol.

Zusammenstellung und Abb. 36); die Abarten der Feldspäte bilden ihrerseits wiederum die Grundlage für die Aufstellung und Unterscheidung der verschiedenen Durchbruchgesteinsarten. Erwägt man obendrein, daß die Feldspäte am Aufbau der Erstarrungsgesteine allein mit etwa 60 v. H. beteiligt sind, daß sie in den kristallinen Schiefern sehr reichlich auftreten und auch den Absatzgesteinen durchaus nicht fehlen, so wird man keinen Augenblick daran zweifeln, daß die genaue Kenntnis der Feldspäte den Schlüssel zur Erkennung und Beurteilung der Mehrzahl der Gesteine bildet.

Orthoklas. H = 6, D = 2.54—2.58 (Mittel 2.57). Die Kristalle, meist von den Endflächen (P, Abb. 22), Querdachflächen (Y), der Säule (T) und den Längsflächen (M) begrenzt, sind vorwiegend entweder gedrungen säulenförmig (Abb. 22) oder tafelig nach der Längsfläche (Abb. 24), seltener nach der Längsachse gestreckt (Abb. 23) entwickelt. Unter den Zwillingsbildungen sind jene nach dem sogenannten Karlsbader Gesetze (Abb. 26) die häufigsten; dabei spielt die Querfläche die Rolle der Zwillings-, die Längsfläche M jene der Verwachsungsebene; man erkennt sie leicht daran, daß bei entsprechendem Lichteinfalle eine Naht durch den Kristall zu gehen scheint, welche eine helle Hälfte von einer beschatteten trennt (Abb. 26).

Bei den sogenannten Bavenoer Zwillingen (Baveno, Ort in Oberitalien) ist eine dem Längsdache (021) gleichlaufende Fläche Zwillings- und auch Verwachsungsebene; die Zwillinge sind meist nach der Längsachse gestreckt. Die Manebacher Zwillinge sind nach der Endfläche P verwachsen. Diese Ebene ist auch zugleich die Zwillingsfläche; die Zwillinge sind meist nach der Querfläche gestreckt und dicktafelig nach der Endfläche.

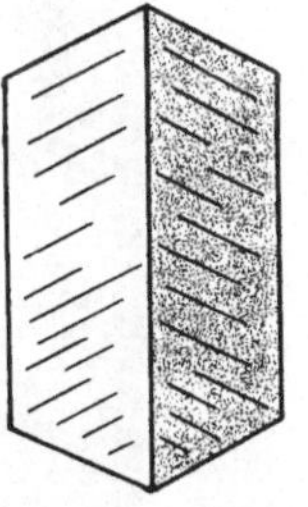

Abb. 26. Orthoklas; KarlsbaderZwilling.

Die regelmäßigste Ausbildung zeigt der Orthoklas im allgemeinen in Gesteinen mit porphyrischem Verbande (Einsprenglinge); weniger gesetzmäßig erscheinen seine Umrisse in den gleichmäßig körnigen Durchbruchgesteinen und in den kristallinen Schiefern; dort, wo die letzteren starkem Gebirgsdrucke ausgesetzt waren, entbehren die Feldspäte überhaupt kristallographischer Begrenzung und sind meist randlich oder zur Gänze mehr oder minder zertrümmert, so daß man nur von „Körnern" sprechen kann. Überhaupt zeigt der Feldspat in den Gesteinen nur dem Quarz gegenüber selbständige Begrenzungsflächen, nicht aber gegenüber den dunklen Bestandteilen. Die vollkommenste Spaltbarkeit verläuft nach der Endfläche (P); ihr steht eine zweite nach der Längsfläche (M) wenig nach. Beide Spaltebenen schließen miteinander einen Winkel von 90° ein. Eine unvollkommene, zuweilen kaum erkennbare Spaltbarkeit läuft den Säulenflächen gleich. Der Glasglanz des Orthoklases geht auf der Endfläche und den zu ihr gleichlaufenden Spaltflächen oft in Perlmutterglanz über.

Klar durchsichtig bis durchscheinend (Adular; nach dem Adulagebirge in der Schweiz), mitunter mit bläulichem Lichtschimmer (Mondstein mit den Abarten „Wolfsauge", „Fischauge", „Ceylonopal"); meist aber undurchsichtig (gemeiner Feldspat) und dann von milchweißer, grauweißer, gelblicher, hochfleischroter (südschwedische Granite, Minette, Liebeneritporphyr usw.), bräunlichroter, hellgelber, seltener graublauer oder grünlicher Farbe. Eingelagerte Roteisenschüppchen färben manchen Feldspat rot oder erzeugen bei guter Ausbildung und regelmäßiger Anordnung einen Rotschiller (Aventurinfeldspat; siehe auch Plagioklas). w (Adular) = 0.1869 (Joly).

Auf den Bruchflächen der Gesteine unterscheiden regelmäßige Spaltbarkeit, lebhafterer Glanz frischer Spaltflächen und trübe Färbung verwitterter Körner den Feldspat von dem meist durchsichtigen, hellen, immer aber mehr oder minder klaren, unregelmäßig brechenden, höchstens Fettglanz auf den Bruchflächen zeigenden Quarz.

Gelegentlich durchwachsen wasserhelle, zuweilen hohle, breite Quarzstengel in gleichgerichteter Stellung einen Orthoklaskörper; hie-

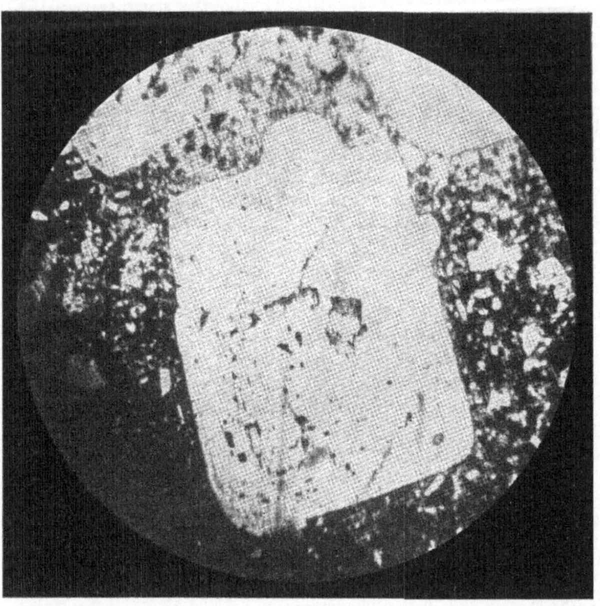

Abb. 27. Feldspatquerschnitt (Bildmitte) von rechteckigem Umrisse; Ecken verrundet, weil angeschmolzen; Einschlüsse erzeugen Schalenbau. Dünnschliffbild des Andesites vom Cabo de Gata, Spanien.

durch entstehen sogenannte schriftgranitische Bildungen (Abb. 31), so genannt, weil sie Schnitte liefern, welche angeblich an hebräische Schriftzeichen erinnern. Schalenbau (Abb. 27) wird dadurch hervorgerufen, daß gürtelförmig angeordnete Einschlüsse auftreten oder, wie z. B. im Rapakiwi, rote Orthoklaskerne von Schichten graugrünen oder weißen Oligoklases umhüllt werden.

Orthoklas ist ein Kaliumtonerdesilikat von der Zusammensetzung $K_2Al_2Si_6O_{16}$. Salzsäure greift ihn selbst in der Hitze nur wenig an, Flußsäure hingegen zersetzt ihn beträchtlich rascher als Quarz. Vom reinen kalten Wasser wird Orthoklas nicht, von kohlensäurehaltigem etwas gelöst. Heißen, wässrigen Lösungen widersteht er schlecht; es bildet sich dann Seidenglimmer (Serizit). In eisenhaltigen, rötlichgefärbten Orthoklasen wird an der Luft die Eisenverbindung in Brauneisen übergeführt und hiedurch die allmähliche Verwitterung des Spates eingeleitet. Kohlensaure Alkalien zersetzen den Feldspat verhältnismäßig kräftig, indem sie die Bildung löslicher Alkalisilikate und zersetzbarer Alkalitonerdesilikate einleiten; letztere werden bei Gegenwart von Pyrit in Alkali-Tonerdesulfate (Alaune) umgewandelt. Schwefelsäure wirkt auf unverwitterte Feldspäte wenig merklich ein, stärker auf solche, welche bereits in Zersetzung begriffen sind. Der Wechsel von Sonnenhitze und Nachtkälte führt bei der ungleichen Ausdehnung der Orthoklase in den verschiedenen Richtungen zur Bildung von Rissen nach den Spaltflächen. Von diesen aus zersprengt eindringendes Wasser beim späteren Gefrieren größere Feldspatkristalle, namentlich die Sanidine.

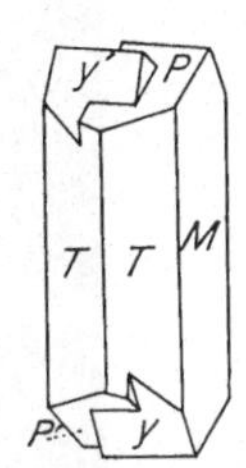

Abb. 28. Karlsbader Zwilling. Nach Hochstetter-Bisching-Toula.

Als Sanidin (Eisspat, Tafelspat bezeichnet man die glasige, meist dünntafelig nach der Längsfläche (Abb. 24); sanis, griech. = Tafel) oder langsäulig nach der Längsachse (Abb. 23, 32) ausgebildete Abart des Orthoklases, welche neben vorherrschendem Kalium- auch etwas Natriumoxyd enthält. Die Sanidine sind durchsichtig oder durchscheinend, mitunter auch grau; die braune Färbung des Sanidins vom Leilenkopf rührt von Radiumstrahlung her; außer den Spaltrichtungen des Orthoklases tritt bei Sanidin häufig eine Absonderung nach der Querfläche auf. Der Sanidin vertritt den Orthoklas in den jüngeren Ergußgesteinen, namentlich in den Lipariten, Trachyten usw. Durch Entmischung ensteht aus dem Sanidin gemeiner Orthoklas.

Der Natronorthoklas und Natronsanidin enthält neben Kali vorherrschend Natron; die vorbildliche Zusammensetzung $Na_2Al_2Si_6O_{16}$ wird aber in den natürlichen Vorkommen nie erreicht. Manche Vorkommnisse (z. B. von Frederikswärn) zeigen prächtigen Farbenschiller auf den Spaltflächen.

Mikroklin nennt man einen Feldspat von der stofflichen Zusammensetzung und dem Aussehen des Orthoklases $(K_2Al_2Si_6O_{16})$, bei welchem der Winkel zwischen End- und Längsfläche von 90⁰ etwas abweicht und zwischen 90⁰ 16′ und

90⁰ 30′ schwankt; die trikline Ausbildung entgeht daher dem Auge. Die Färbung im Handstück ist zuweilen prächtig apfel- grün oder spangrün („Amazonenstein“), auch fleisch- rot, meist aber weiß, blaßgelb, rötlichgelb oder unscheinbar; „Avanturin“-ausbildung ist häufig. Die für Mikroklin be- zeichnende Gitterung (Abb. 29, 30) ist oft schon dem unbewaff-

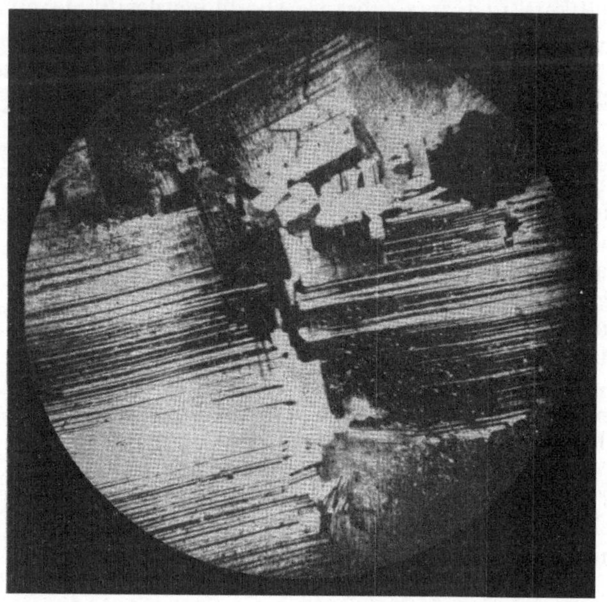

Abb. 29. Mikroklin mit Gitterbau. Dünnschliff eines sauren Spaltgesteins (Feld- spatfels) von Margarethenhütte bei Thörl, Obersteiermark.

neten Auge sichtbar; der Kante: Längsfläche-Endfläche gleich- gerichtete Streifchen werden von solchen gekreuzt, welche un- gefähr mit der Querachse gleichlaufen. Diese Gitterung wird durch wiederholte Bildung von Durchdringungszwillingen (Viellingen) verursacht; sie geht beim Erhitzen über 700⁰ ver- loren; darnach scheint oberhalb 700⁰ Orthoklas die beständige Form des Kalifeldspates zu sein. D = 2.58—2.65. W = 0.185 bis 0.197 (Bogojawlensky).

Der gleichfalls trikline Natronmikroklin (natronführender Mikroklin, Anorthoklas) besteht aus einer etwas kalkhaltigen Mischung von Orthoklas- und Albitstoff; er findet sich z. B. unter den farben- schillernden Feldspäten der südnorwegischen Laurvikite („norwegische

Labradore" des Steingewerbes), hier meist rhombische Querschnitte liefernd („Rhombenporphyre").

Meist handelt es sich bei den Mikroklinen um Durchwachsungen (Perthite; Perth, Ort in Kanada). Trikline Kali-Natronfeldspate können mithin auf dreifache Weise entstehen: als ursprüngliche, einheitliche Mischkristalle (eigentliche Anorthoklasreihe), durch ursprüngliche Durchwachsung (Urperthite, Primärperthite) und endlich durch

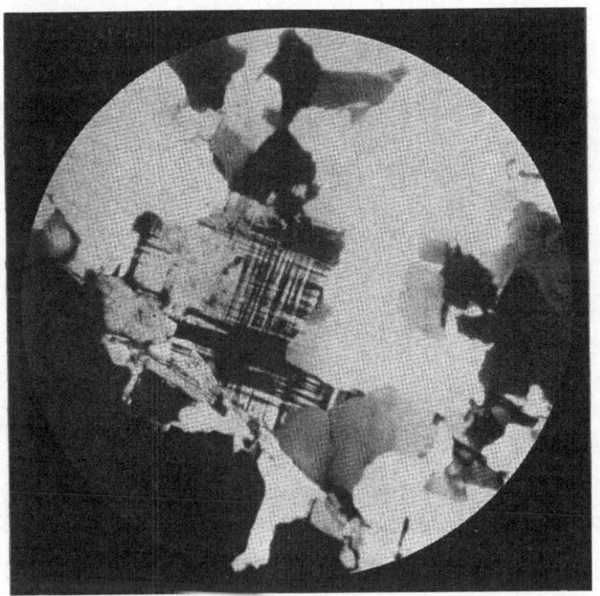

Abb. 30. Mikroklin (gegittert, Mitte) im Dünnschliffbilde eines Gneises aus dem Antholzertale, Südtirol.

nachträgliche Entmischung der vorgenannten (Folgeperthite, Entmischungsperthite, Sekundärperthite).

Die Plagioklase (triklin; „Schiefspalter", weil die beiden Hauptspaltebenen einen Winkel bilden, welcher vom rechten abweicht; plagiós, griech. = schief) zeigen auf den ersten Blick fast dieselbe Kristalltracht und Spaltbarkeit, wie die monoklinen Feldspäte; wir treffen hier wie dort ungefähr dieselben Flächen entwickelt und die Abweichung des Winkels (93⁰ 36′ bis 94⁰ 10′) zwischen Endfläche und Längsfläche von 90⁰ bleibt dem unbewaffneten Auge verborgen. Bei näherem Zusehen allerdings bemerkt man, daß den Plagioklasen jede Spiegelebene fehlt, indem z. B. das Spitzdach nicht mehr als Halbpyramide, sondern als Viertelpyramide (links hinten und rechts unten) auftritt (vgl. Abb. 33). Außerdem kann man bei größeren Kristallen oft schon mit unbewaffnetem Auge oder mit der Lupe auf den mit der Endfläche gleichgerichteten Spaltebenen eine mehr oder minder feine Streifung (Abb. 34) wahrnehmen, indem einzelne schmale Streifchen oder Spindeln bei guter Beleuchtung und entsprechendem Lichteinfalle hell aufglänzen, während die anderen matt bleiben; die Streifen laufen der Kante

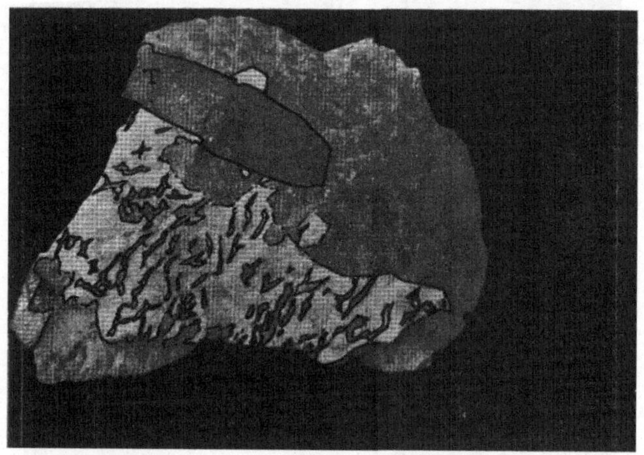

Abb. 31. Schriftgranitische Verwachsung von Quarz und Feldspat. Schriftgranit (Riesenkorngranit) von der Königsalm bei Gföhl, Waldviertel. T Turmalin.

zwischen End- und Längsfläche gleich und werden durch eine wiederholte Zwillingsbildung nach dem sogenannten Albitgesetze (Zwilling- und Verwachsungsebene die Längsfläche) hervorgerufen; auf der Endfläche P entstehen hiedurch ein- und ausspringende Winkel (von etwa 7⁰ 12′ bis 8⁰ 20′; Abb. 34); derartige Viellinge sind häufig tafelig nach der Längsfläche ausgebildet. Die Zwillingsstreifung unterscheidet die Plagioklase vom Orthoklas, welchem sie fehlt.

Seltener findet sich eine Zwillingsbildung nach dem sogenannten Periklingesetz, mit einer irrationalen Zwillingsebene (Zwillingsachse die Querachse; periklinein, griech., sich ringsherum neigen, d. h. überall schiefe Winkel zeigend). Hier treten dann die Streifchen auf der Längsfläche M hervor und bilden mit der Kante PM einen Winkel, dessen Größe für die verschiedenen Arten der Plagioklase kennzeichnend ist (z. B. —18⁰ für Anorthit, + 21⁰ für Albit). Als Verwachsungsebene erscheint entweder die Endfläche P (001) oder der sog.

rhombische Schnitt; man erhält ihn, wenn man die Endfläche soweit um die b-Achse (Querachse) dreht, bis sie das Prisma, welches die Flächen T (110) und l (110) bilden, in einem Rhombus schneidet. Hand in Hand damit geht eine häufige Streckung nach der Querachse. Es kommen auch Zwillinge nach dem Manebacher und Bavenoer sowie dem Karlsbader Gesetze vor. Glasige Plagioklase der Ergußgesteine nannte man M i k r o t i n e.

Stofflich sind die Plagioklase Natronfeldspat ($Na_2Al_2Si_6O_{16}$, Albitstoff), Kalkfeldspat ($CaAl_2Si_2O_8$, Anorthitstoff) oder Mi-

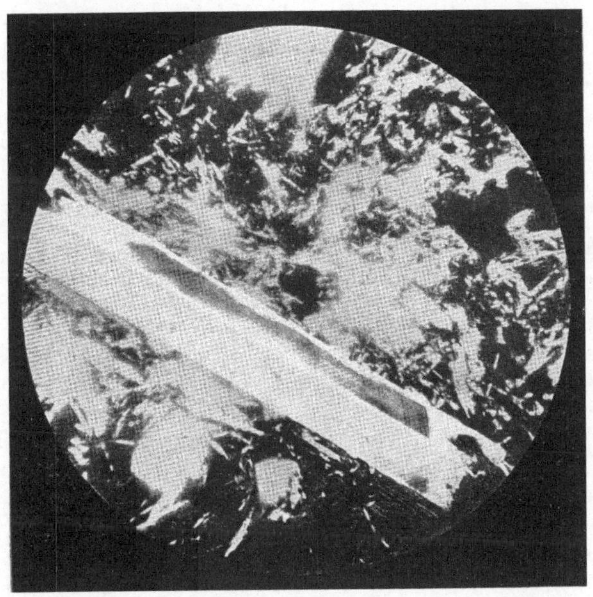

Abb. 32. Sanidin (schräg von links Mitte nach rechts unten verlaufende Leiste) im Schliffbilde des Trachytes vom Monte Olibano, Italien.

schungen von Albit und Anorthitstoff. Der Albit ist saurer, leichter, in Salzsäure wenig löslich, der Anorthit basisch, schwerer, leicht zersetzbar durch Salzsäure (unter Sulzbildung); je nach der Beimengung von Anorthitstoff (An) zum Albitstoff (Ab) nähern sich die mit den Namen Oligoklas, Andesin, Labradorit, Bytownit belegten Zwischenglieder in ihren Eigenschaften mehr dem Albit oder dem Anorthit; die Abb. 35 gibt einen besseren Überblick über die Verhältnisse als viele Worte. Die chemischen Beziehungen der Plagioklase untereinander und zwischen ihnen und den monoklinen Feldspaten gehen auch aus Abb. 36 hervor. Was über das Verhalten des Orthoklases gegenüber Säuren und Alkalien gesagt wurde, kann man sinngemäß auch auf die Plagioklase übertragen; dabei muß man jedoch beachten, daß die Angreifbarkeit der triklinen Feldspate gegen den Anorthit hin ziemlich rasch zunimmt, wie

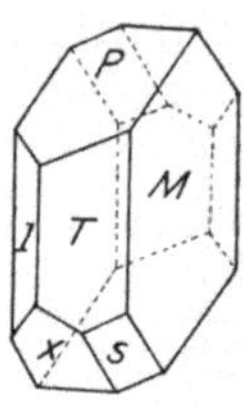

Abb. 33. Albit. Halbsäulenflächen (l, T), Endfläche(P), Längsfläche (M), Halbquerdach (x) und Viertelspitzdach (s). Nach H o c hs t e t t e rB i s c h i n gT o u l a.

überhaupt die Plagioklase den Verwitterungskräften rascher erliegen als der monokline Kalifeldspat. Letzterer erscheint daher in den Gesteinen oft noch frisch, wenn die Plagioklase längst deutliche Spuren der Verwitterung an sich tragen.

Schalenbau ist eine viel beobachtete Erscheinung, namentlich der Plagioklase der Ergußgesteine. Bald gleichen sich Kern und Hülle stofflich vollkommen und werden nur durch Züge von Einschlüssen (Abb. 27) unterscheidbar, bald aber, und dies ist der häufigere Fall, verraten sich stoffliche Gegensätze zwischen dem Kern und den Randschichten, manchmal auch zwischen den letzteren selbst. Dann ist der Rand meist saurer als der Kern und die Sauerkeit nimmt von innen gegen außen zu; schwerer schmelzbare Plagioklase in den äußeren und leichter schmelzbare in den inneren Schalen zeigen dagegen zahlreiche Umprägungsgesteine (F. B e c k e).

Über die Eigenschaften der einzelnen Glieder der Plagioklasreihe ist wenig Besonderes zu sagen:

A l b i t: (albus. lat. = weiß) wasserklar durchsichtig oder weiß (P e r i k l i n geheißen, wenn gleichzeitig nach der Querachse entwickelt) bis trübe, seltener graulich, gelblich oder grünlich gefärbt. Häufiger Gemengteil von Gesteinen, namentlich der kernalpinen Umprägungsgesteine; in den kristallinen Schiefern oft tadellos frisch. W = 0.1984 (J o l y).

O l i g o k l a s (oligos, griech. = wenig; kláo (griech.) = ich spalte, weil man früher glaubte, er spalte weniger gut als Albit). Tritt häufig neben Orthoklas in Erstarrungsgesteinen auf; seine meist weiße bis grünliche, stets helle Farbe unterscheidet ihn hier vom dunkleren (fleischroten) Orthoklas: leistenförmige Ausbildung ist besonders häufig. Der S o n n e n s t e i n (Tvedestrand, Norwegen) verdankt seinen blitzenden Schiller zahllosen winzigen, orangefarbenen bis blutroten Schüppchen von Eisenglanz, welche gleichgerichtet mit den End- und anderen Flächen dem Oligoklas eingelagert sind. Die kalihaltigen R a u t e n- oder R h o m b e n feldspäte zeigen rautenförmigen Querschnitt und häufig Farbenschiller. W = 0.1997—0.2050 (J. J o l y).

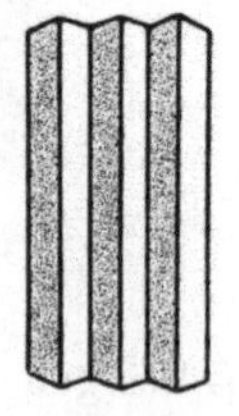

Abb. 34. Wiederholte Zwillingsbildung erzeugt in Schnitten die „Streifung" der Plagioklaskristalle (roher Riß).

Das Hauptverbreitungsgebiet des Oligoklases sind quarzreiche Durchbruchgesteine und Gneise.

A n d e s i n (nach seinem Vorkommen in den Andesiten der Anden); weiß (in Pegmatiten, Riesenkorngraniten, Tonaliten), graublau, auch dunkelgrünlich; oft schalig gebaut, insbesonders in Ergußgesteinen.

L a b r a d o r i t (nach seinem Vorkommen a. d. Küste von Labrador), Grobspätig und meist grau in riesenkörnigen Ge-

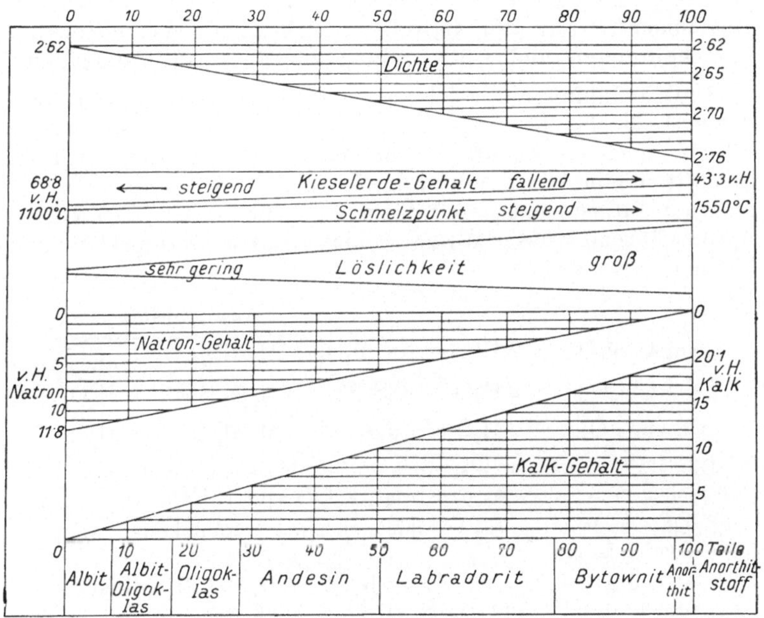

Abb. 35. Beziehungen zwischen der chemischen Zusammensetzung der Plagioklase und ihren Eigenschaften.

steinen; sonst meist kleine Körner. Das prächtige, schillernde Farbenspiel („Labradorisieren"), das viele Labradorite zeigen, kommt dadurch zum Ausdrucke, daß beim Drehen des Steines nach verschiedenen Richtungen ganze Flächen oder einzelne Streifen und Flecke derselben in lebhaften, blauen, gelben, grünen, seltener rötlichen Farbentönen aufleuchten. Gleichgerichtete Einlagerungen feinster Blättchen bzw. Interferenzwirkungen der Lichtstrahlen rufen diese Erscheinung hervor. W = 0.1933 (J o l y) = 0.1949 (R. U l r i c h).

Bytownit (nach dem Orte Bytown in Kanada); häufiger Gemengteil basischer Durchbruchgesteine.

Anorthit. Wasserklar (in Vesuvauswurflingen), trübe, oft rötlich gefärbt. Gesteinsbildend in den basischesten Erstarrungsgesteinen oder in umgeprägten Kalken (Monzonigebiet). Seine Kristalle sind häufig flächenreich, ziemlich gleichausmaßig nach allen Richtungen und erscheinen daher oft kugelig bis scheinwürfelig. W (etwas unrein) = 0.197 (J. H. L. Vogt).

Zusammenfassung der technisch wichtigeren Verwitterungerscheinungen und Umwandlungsvorgänge an Feldspäten.

Die Neubildungen, welche aus der Zersetzung der verschiedenen Feldspäte hervorgehen können, sind, wie bereits weiter vorne angedeutet, mannigfacher Art. Am häufigsten wird im Schrifttum eine Umwandlung in Kaolin erwähnt, bei welcher Wasser aufgenommen und lösliches Alkalisilikat weggeführt wird, während wasserhaltiges Tonerdesilikat (Kaolin) zurückbleibt (H. Rössler).

$$Na_2Al_2Si_6O_{16} + 2\,H_2O = Na_2Si_4O_9 + \overbrace{H_2Al_2Si_2O_8 + H_2O}^{Kaolin}$$

$$K_2Al_2Si_6O_{16} + 2\,H_2O = K_2Si_4O_9 + H_2Al_2Si_2O_8 + H_2O$$

$$CaAl_2Si_2O_8 + 2\,H_2O = CaO + H_2Al_2Si_2O_8 + H_2O$$

Die Kalkerde bleibt als solche nicht bestehen, sondern wandelt sich weiter in Kalkhydrat (CaO_2H_2), kohlensauren Kalk usw. um.

Nach Ch. R. van Hise spielt sich die Kaolinbildung in nachstehender Weise ab

$$K_2Al_2Si_6O_{16} + 2\,H_2O + CO_2 = K_2CO_3 + H_4Al_2Si_2O_9 + 4\,SiO_2.$$

Das kohlensaure Kalium wandert in Lösung aus, die Kieselsäure könnte als Quarz zurückbleiben.

Umwandlung in Kaolin und seine Verwandten kann man tatsächlich überall dort beobachten, wo stärkere chemische Stoffe, wie aus dem Schoße der Erde hervordringende heiße Wässer, kohlensäurebeladene Quellen, Dämpfe von Borsäure, Fluorwasserstoffsäure, oder — ein sehr häufiger Fall — lösliche Humussäuren usw. auf den Feldspat eingewirkt haben. Die Kaolinlagerstätten sind daher im allgemeinen an Verwerfungen, Warmquellengebiete, an den Untergrund von Mooren, das Liegende von Kohlenflözen u. dgl. gebunden. Die gewöhnliche Oberflächenverwitterung dagegen führt in unserem Klima seltener zur Bildung von Kaolin, sondern liefert die sog. Tonmineralien (Montmorillonit, Halloysit usw.), welche je nach Umständen in ihrer chemischen Zusammensetzung sehr wechseln können; ihr Wesen ist noch wenig erforscht. Im warmfeuchten Klima bildet sich H y d r a r g i l l i t (s. d.), während die Alkalien und die Kieselsäure weggeschafft werden.

Bei beiden Arten der Umsetzung zu weichen, knetbaren, je nach dem Wassergehalte schwindenden oder quellenden Mas-

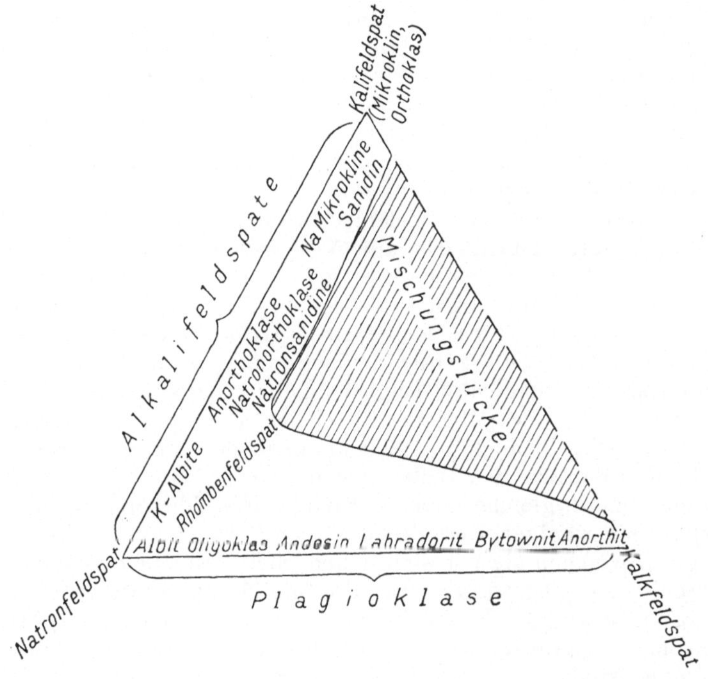

Abb. 36. Chemische Wechselbeziehungen zwischen den einzelnen Gliedern der Feldspatgruppe. Nach N i g g l i.

sen entsteht häufig nebenbei auch h e l l e r G l i m m e r (Muskovit, Serizit); letzterer geht auch dann aus Feldspat hervor, wenn starke äußere mechanische Kräfte, wie z. B. Gebirgsdruck, auf das Mineral einwirken (V e r g l i m m e r u n g, S e i d e n g l i m m e r b i l d u n g, Serizitisierung, Serizitbildung). In gleichem Sinne wirken zuweilen Heißwässer aus der Tiefe auf Feldspäte ein („hydrothermale" Bildung von Hellglimmer).

In Gebieten stärkster Pressung der Gesteine, in sogenannten Quetschstreifen, finden wir daher nicht selten die Feldspäte ganz oder teilweise s e r i z i t i s i e r t; so beispielsweise im Mürztal, in der Umgebung von Aspang am Wechsel, unfern St. Kathrein am Hauenstein, im Dissauergraben bei Fischbach und bei St. Peter ob Judenburg, wo die zersetzten, an Seidenglimmer reichen unreinen Massen auf ursprünglicher oder auf zweiter Lagerstätte die sogenannte „W e i ß e r d e" bilden, welche oft schon mit Kaolin verwechselt wurde; sie unterscheidet sich jedoch von diesem u. a. durch den tieferen Schmelzpunkt.

Für den Bauingenieur haben derartige schmierige, seidenglimmerreiche Massen von Zerrüttungs- und Quetschstreifen eine doppelte Bedeutung. Sie entbehren der Standfestigkeit und bringen im Stollen Druck, verhalten sich aber dem Wasser gegenüber um so weniger durchlässig, je stärker die Zerdrückung und damit die Verglimmerung war.

Kalkreiche Feldspate erleiden seltener eine Umwandlung in tonige Stoffe; häufiger ist eine Veränderung zu S a u s s u r i t (nach dem Forscher S a u s s u r e), einer trüben, grünlich gefärbten, harten und zähen Masse, welche aus Zoisit, Epidot (bei Anwesenheit von Eisensalzen im Gestein), Skapolith, Granat, Strahlstein, Quarz und Seidenglimmer, beim Beginne der Umwandlung auch aus beigemengten Plagioklasresten usw. besteht. Die Umwandlung kalkreicher Plagioklase in Zoisit oder Epidot geht auch für sich allein in der Natur häufig vor sich. Man darf sie den früher erwähnten Verwitterungserscheinungen nicht gleichsetzen. Derartige Umbildungen in harte, mehr oder weniger wetterfeste Mineralien schädigen das Gestein, in welchen sie vor sich gehen, nicht; sie stehen daher im erfreulichen Gegensatze zur Kaolinbildung, Vertonung und Verglimmerung der Feldspäte, welche die betroffenen Bergarten umsomehr bautechnisch verschlechtern, je weiter sie fortgeschritten sind.

Den Verwitterungserscheinungen der Feldspäte kommt hohe technische und bodenkundliche Bedeutung zu; die feineren Bestandteile unserer Böden und Baugrundlockermassen, namentlich der bindigeren, sind zum großen Teil aus der Zersetzung von Feldspäten hervorgegangen; bei diesen Umsetzungen werden, je nach der stofflichen Natur des Feldspates, die wichtigen Pflanzennährstoffe Kali oder Kalzium den Gewächsen zugänglich. Böden, welche aus der Verwitterung von Gesteinen hervorgegangen sind, die kalkreiche Plagioklase in Menge führen, verraten ihre Entstehung oft schon durch ihre Besiedlung mit kalkholden Gewächsen oder lohnen durch vergleichweise höhere Erträge. Über die technischen Eigenschaften der tonbildenden Verwitterungsmineralien der Feldspäte geben die Seiten 86 ff. einige Auskunft.

Technische Verwendung der Feldspäte.

Für die technische Verwertung feldspatreicher Gesteine ist die Frische des Feldspates von entscheidender Bedeutung. Man erkennt sie am Glanz der Kristall- und der Spaltflächen. Einsetzende Verwitterung vernichtet den Glanz; die Flächen werden trübe und matt. Später warnt erdiger Bruch und Ritzbarkeit des Feldspates mit dem Messer den Ingenieur vor der Verwendung solcher Gesteine als Baustein jeder Art; derart veränderte Feldspäte befinden sich schon in einem weit fortgeschrittenem Zustande der Zersetzung und geben die Bergart, welche sie beherbergt, in Bauwerken rascher Zerstörung preis.

Die hübsch aussehenden Abarten der Feldspäte, wie Sonnenstein (Oligoklassonnenstein von Tvedestrand, Orthoklassonnenstein aus Virginia, Pennsylvanien usw.), Mondstein (Ceylon), Amazonenstein (Pikes Peak in Kolorado, Virginia, Madagaskar, Miask im Ural usw.), Labrador u. dgl. verarbeitet man zu kleinen Kunstgegenständen, Schmucksteinen (unechten Perlen, Knöpfen) u. dgl.

Im übrigen lohnt sich die Gewinnung von Feldspat nur aus sehr grobkörnigen Gesteinen (Riesenkorngesteinen). Hauptabnehmer ist die Porzellanerzeugung (Eisenoxydgehalt möglichst unter 0.1 v. H.). Diese bevorzugt den leichter schmelzenden Kalifeldspat vor den Natronkalkfeldspäten, deren Kalkgehaltsschwankungen zudem störend empfunden werden. Gemahlener Feldspat wird auch schillernden Gläsern, Emaillen, Zahnkitten, Scheuerseifen, künstlichen Zähnen usw. zugesetzt. Ein Zuschlag von Feldspat bei der Erhüttung des Eisens befördert die Schlackenbildung. Auch die Hartglaserzeugung bedarf des Feldspates.

Feldspatvertreter.

Unter der Bezeichnung Feldspatvertreter kann man eine Reihe von Mineralien zusammenfassen, welche ähnliche stoffliche Zusammensetzung und ähnliche Eigenschaften haben wie die Feldspäte und diese in manchen Durchbruchgesteinen teilweise oder ganz ersetzen; so namentlich in gewissen kieselsäureärmeren Durchbruchgesteinen, während die an Kieselsäure reicheren Feldspäte unter sonst gleichen Umständen kieselsäurereichere Bergarten bevorzugen; den kristallinen Schiefern sind sie fremd. Hierher gehören: Leuzit, Nephelin, Sodalith und Hauyn. Alle erweisen sich in den Gesteinen weniger widerstandsfähig als die Feldspäte und zersetzen sich bei Anwesenheit von Schwefelkies oder in der Großstadtluft in kürzester Zeit.

Leuzit (leukós, griech. = weiß; er wurde früher weißer Granat genannt). D = 2.45—2.50, H = 5½—6. Meist scheinbare Deltoidvierundzwanzigflächner (Leucitoeder, Abb. 37) bildend, mit nicht selten verrundeten, gesattelten Flächen; Durchschnitte daher meist achteckig (Abb. 39) bis rundlich (Abb. 38); die tetragonale Tracht des Kaltleuzites (β) geht bei etwa 620⁰ in die tesserale Tracht des Warmleuzites (α) über (e c h t e Deltoidvierundzwanzigflächner). Körner. Glasglanz; Bruchfläche fettglänzend. Halbdurchsichtig bis kantendurchscheinend. Graulich, weiß, rauchgrau bis aschgrau; spröde. Bruch muschelig ohne regelmäßige Spaltbarkeit. W = 0.1912 (J o l y) — 0.175—0.178 (A. B o g o j a w l e n s k y).

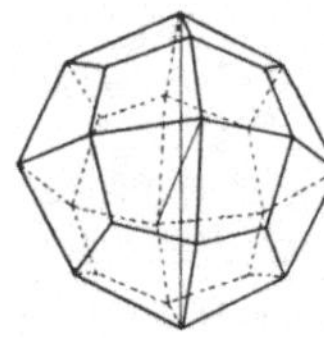

Abb. 37. Fünfeckvierundzwanzigflächner (Ikositetraeder, Leucitoeder).

$K_2Al_2Si_4O_{12}$ mt 55% Kieselsäure und 21.6% Kaliumoxyd. Manche Leuzite enthalten Natrium. V. d. L. schwer schmelzbar (α = Leuzit oberhalb 1800⁰). Mit Kobaltlösung geglüht, färbt sich Leuzit schön blau; in gepulvertem Zustand löst ihn Salzsäure unter Zurücklassung von Kieselpulver nicht gerade leicht.

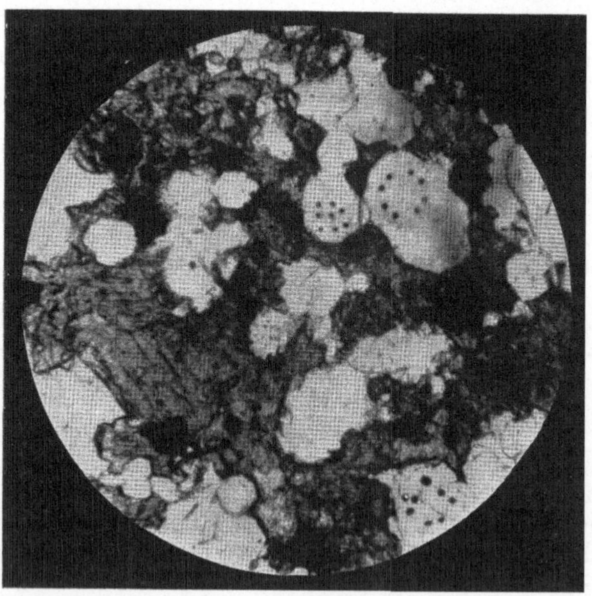

Abb. 38. Leuzite (weiß, mit gerichtet eingelagerten Einschlüssen) im Schliffbilde eines Leuzitbasaltes vom Capo di Bove, Italien.

Die Verwitterung führt unter Erhaltung der Form oft zur Entstehung von weißem, undurchsichtigem Analzim (siehe diesen),

Orthoklas, Nephelin, Muskovit, kaolinähnlichen Stoffen usw. Einschlüsse sind sehr häufig; ihre ringähnliche Anordnung (Abb. 38) führt zum Schalenbau; seltener ist strahlige Einlagerung nach den Speichenrichtungen (Abb. 39).

Leuzit kommt besonders häufig in manchen jungen kieselsäurearmen Durchbruchgesteinen, ihren Laven und ihren Tuffen vor (Laacher See, Kaiserstuhl, Rhön, böhmisches Mittelgebirge, Vesuv usw.). Quarz und Leuzit schließen sich in den Bergarten gegenseitig aus. Der durchschnittliche Kaligehalt solcher Leuzitgesteine schwankt um 10 v. H. Man zerkleinert sie daher vielfach und sondert aus ihnen mit magnetischen Aufbereitungsverfahren den unmagnetischen Leuzit in großer Reinheit aus; er wird dann entweder als Düngemittel (wenig lohnend!) oder zur Alaundarstellung usw. verwendet.

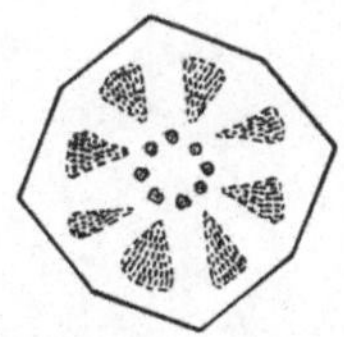

Abb. 39. Durchschnitt durch einen Leuzitkristall; strahlig und ringförmig angeordnete Einschlüsse (Schlacken).

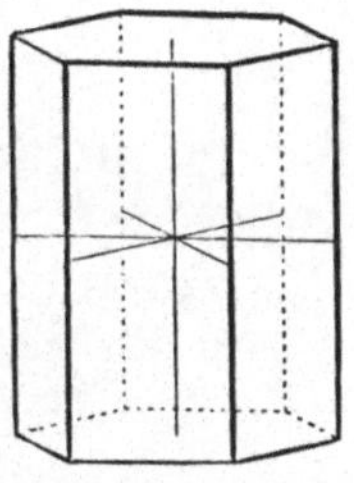

Abb. 40. Nephelin; sechsseitige Säule.

Nephelin (nephele, griech. = Wolke, wegen der wolkigen Trübung durchsichtiger Stücke bei Behandlung mit Salpetersäure). H = 5½—6, D = 2.55—2.65. Jeder regelmäßigen Begrenzung bar als „Nephelinfülle" in vielen jungen, kieselsäurearmen Ergußgesteinen (Nephelinbasalten, Nephelinbasaniten usw.); sonst meist gedrungen sechsseitige Säulen (Abb. 40, 41) des hexagonalen Systems, welche sehr bezeichnende kurze Rechtecke als Längsschnitte und in Querschnitten Sechsecke (Abb. 40) liefern. Ohne Spaltbarkeit, Bruch daher flach muschelig; spröde. Farblos, glasglänzend und durchsichtig im frischen Zustande, wird er bei der Verwitterung unter Annahme von Fettglanz oder speckigem Schimmer wolkig trübe, gelblich, grau, grünlich, bräunlich oder rötlich (Elaeolith der älteren Durchbruchgesteine, meist derb; elaiós, griech. = Öl, also Ölstein). Afterkristalle (Pseudomorphosen) glimmerartiger Mineralien (Seidenglimmer usw.) nach Nephelin bzw. Elaeolith, wie sie sich z. B. in Liebeneritporphyr von Viezzena bei Predazzo (Südtirol) finden, wurden Liebenerit genannt. Zusammensetzung wechselnd, $Na_2Al_2Si_2O_8$, oft mit etwas K. Unterschied von Quarz: in Salzsäure unter Abscheidung von Kieselsäuresulze leicht lösbar, weniger hart; die Lösung ergibt mit Ammoniak einen Niederschlag, dagegen nicht mit oxalsaurem Ammon; aus der salzsauren Lösung kristallisieren beim Eindunsten zahlreiche winzige Kochsalzwürfelchen aus. Destilliertes Wasser zersetzt ihn schon bei 200⁰; er verwittert also sehr leicht; dabei bilden sich Zeolithe (Spreustein, Hydronephelin,

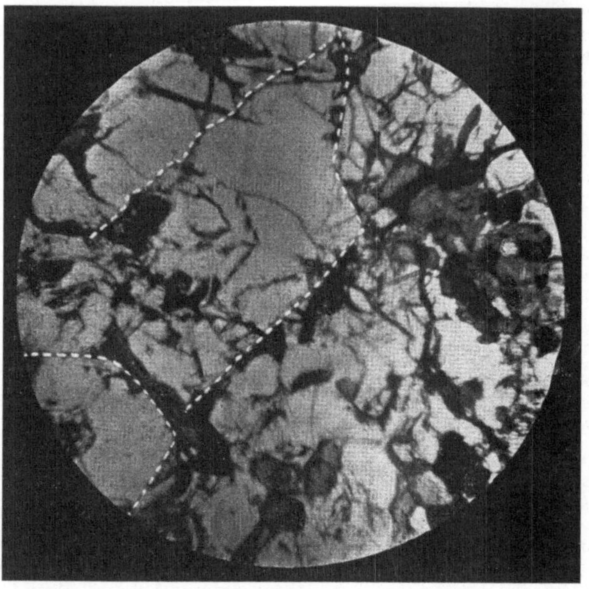

Abb. 41. Nephelin (hell, Umrisse gestrichelt) im Schliffbilde des Nephelinbasaltes vom Steinberge bei Feldbach, Oststeiermark.

Analzim), glimmerähnliche Massen (Liebenerit, Gieseckit). Sodalith, kaolinähnliche Stoffe usw.

Sodalith (Sodastein, wegen seines Natrongehaltes). H = 5—6. D = 2.13—2.34. Rautenzwölfflächner (Abb. 7), meist aber Körner und Körnergehäufe; Durchschnitte daher vier- und sechsseitig oder rundlich; durchsichtig und farblos; auch weißlich, grau, grünlich, gelblich, hellrot oder bläulich.

Glasglanz bis Fettglanz; nach den Dodekaederflächen undeutlich spaltbar. Einschlüsse häufig. $3\,(NaAlSiO_4) + NaCl$. V. d. L. unter Anschwellen zu einem farblosen, blasigen Glase schmelzbar. Wird schon von schwachen Säuren (z. B. Essigsäure) unter Bildung von Kiesel-

säuresulze zersetzt; salzsaure oder salpetersaure Lösungen hinter-
lassen ähnlich wie jene des Nephelins beim Verdunsten reichlich Koch-
salzwürfel, aber keine Gipsnädelchen, wie Hauyn. Verwittert leicht,
namentlich zu Natrolith, Hydronephelin, Hydrargillit, Diaspor usw.

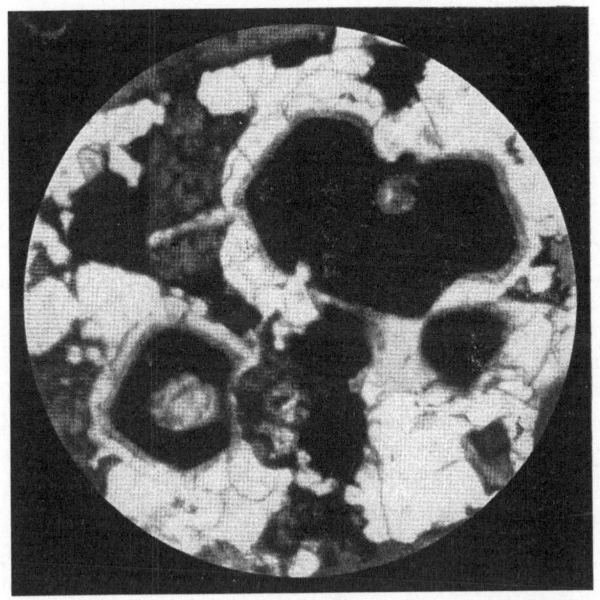

Abb. 42. Hauyn im Dünnschliffbilde.

Hauyn, (nach dem Mineralogen Hauy), $H = 5$—6, $D = 2.3$—2.5
(steigend mit dem Kalkerdegehalte). Rautenzwölfflächner (Abb. 7)
mit vier- und sechsseitigen Durchschnitten,
häufiger unregelmäßig begrenzte Körner und
Korngehäufe; auch dicht. Meist mit blauer
Farbe durchsichtig bis durchscheinend, doch
auch spargelgrün, grünlichblau, gelblich und
rötlich. Bruch muschelig, uneben; spröde;
fettartiger Glasglanz. Einschlüsse häufig, bald
im Kern (Abb. 42), bald randlich angereichert und Schalenbau erzeugend. Entfärbt sich
beim Erhitzen. Mischungen von $Na_3Al_3Si_3O_{12}$.
Na_2SO_4 und $CaSO_4$; die kalkarmen Glie-

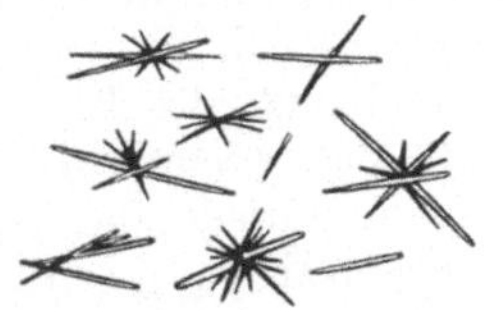

Abb. 43. Gipsnädelchen.

der werden oft als Nosean (wenn rein $Na_3Al_3Si_3O_{12}$. Na_2SO_4) bezeichnet (nach dem braunschweigischen Bergrat K. W. Nose).
Leicht löslich in Salzsäure unter Entbindung von Schwefelwasserstoff
und Hinterlassung von Kieselsäuresulze; beim Eintrocknen bleiben

je nach dem Ca-Gehalte mehr oder minder reichlich Nädelchen und Faserknäuel von Gips (Abb. 43) zurück; zerknistert v. d. L. und schmilzt zu einem blaugrünen Glase. Die Verwitterung liefert meist Siedesteine (Zeolithe), namentlich Natrolith.

Begleitet Leuzit, Nepehlin usw. in Gesteinen, nicht aber Quarz!

Siedestein-(Zeolith-)Gruppe.

Als „Siedesteine" bezeichnet man wasserhaltige, kieselsaure Salze, welche vor dem Lötrohre meist unter heftigem Schäumen schmelzen und ihr Wasser verlieren (daher der Name: zéo, griech. = ich koche). Sie besitzen im allgemeinen hohe Neigung zur Bildung regelmäßiger Kristalle. Die meisten unter ihnen sind Tonerdesilikate von Natrium, Kalzium oder Kalium und erinnern in dieser und in mancher anderer Hinsicht an die Feldspate; die Basen wechseln leicht ihre Plätze. Salzsäure zersetzt sie unter Ausscheidung von pulveriger oder schleimiger Kieselsäure. Im Kölbchen geben sie beim Erhitzen Wasser ab. Ihre leichte Verwitterbarkeit führt zu rascher Auslaugung aus den Gesteinen und macht sich daher zuweilen unangenehm bemerkbar. Sogar die Bodenfeuchtigkeit zersetzt die Siedesteine ziemlich rasch und verhindert so ihre Anhäufung in der Ackererde. Ihre Dichte ist gering.

Sie sind teils gewöhnliche Umsetzungsgebilde anderer Silikate (namentlich der Feldspäte und Feldspatvertreter), teils Bildungen heißer Dämpfe und Lösungen im Gefolge von ausklingenden Glutfluß-erscheinungen. Demgemäß füllen sie besonders gern Klüfte und andere Hohlräume in Erstarrungsgesteinen aus.

A n a l c i m (ánalkis, griech. = kraftlos; wegen seiner geringen, elektrischen Erregbarkeit). $Na_2Al_2Si_4O_{12} + 2\,H_2O$. H = 5½, D = 2.22—2.29. Afterkristalle nach Leuzit, meist jedoch in Drusen (Deltoidvierundzwanzigflächner, Würfel) aufgewachsen oder körnige Gehäufe. Meist farblos, weiß, grau, rötlich (häufig fleischrot), gelblich. Spröde. Bruch muschelig bis uneben, Glanz glasig. V. d. L. ruhig zu einer glasigen, blasenarmen Kugel schmelzend, die Flamme gelb färbend. Verwittert zuweilen zu Kalkspat, Orthoklas, Albit, Glimmer usw. Bekannt sind die Vorkommnisse im Fassatale (Ciamolalpe), auf der Seiseralpe (hier in Melaphyren), im böhmischen Mittelgebirge usw.

F a s e r s i e d e s t e i n (Natrolith, Natronstein). H = 5 bis 5½, D = 2.2—2.25. Tetragonales Aussehen, jedoch vermutlich rhombisch kristallisierend. Der häufigste Siedestein; allverbreitet in Form feiner Säulchen, Nädelchen und speichig-fasriger Gehäufe (daher der Name Fasersiedestein) in den Hohlräumen vieler Erstarrungsgesteine. Außerdem auch dicht; Faserge-

häufe glänzen zuweilen seidig; da sie bei der Verwitterung wie
Spreu zerfallen, nennt man das Mineral auch **S p r e u s t e i n**.
Nichtaufbrausen mit Salzsäure unterscheidet ihn von ähnlich
aussehenden Aragonitkristallen. Nach der Säulenfläche (110)
spaltbar. Farbe weiß, grauweiß, isabellgelb (Hohentwiel), rötlich oder grünlich. $Na_2Al_2Si_3O_{10} . 2 H_2O$. V. d. L. trübt sich
Spreustein zuerst und schmilzt dann unter Aufblähen leicht zu
einem klaren Glas.

S k o l e z i t (skolex, griech., = Wurm, da beim Erhitzen sich
krümmend; Wurmsiedestein). Tracht ähnlich jener des Spreusteins,
dem er auch nach Farbe, Spaltbarkeit, Dichte und Härte gleicht. Kalk-
hältig; $CaAl_2Si_3O_{10} . 3 H_2O$.

B l ä t t e r s i e d e s t e i n, Heulandit (**H e u l a n d**, Sekretär der
geologischen Gesellschaft in London). Vorherrschend blättrige oder
tafelige, seltener kugelige oder körnige Gehäufe. Kalkhaltig, von gelber,
brauner bis roter Farbe. Strich weiß. $H = 3\frac{1}{2}$—4, $D = 2.2$. Monoklin, nach der Spiegelebene sehr vollkommen spaltbar; lebhafter Perlmutterglanz auf der Spaltfläche. V. d. L. aufblätternd (Deutscher
Name!). Spröde.

C h a b a s i t (nach dem letztbesungenen Stein — chabázios — des
Orpheus benannt), Würfelsiedestein. Gleichfalls kalkhaltig, rhombo-
edrisch, mit würfelähnlicher Formausbildung; meist farblos, wasserhell bis durchscheinend, glasglänzend, auch weiß, blaßrötlich, gelblich
oder bräunlich, seltener trübe. Spröde, Bruch uneben; spaltbar nach
Säule, Rhomboeder oder beiden. $H = 4$—$4\frac{1}{2}$, = 2.15.

K r e u z s t e i n (wegen der häufigen Durchkreuzungszwillinge):
Wenn Ca-haltig, **P h i l l i p s i t** (nach dem engl. Mineralogen J. **P h i l-
l i p p s**) genannt, monoklin. $H = 4$—$4\frac{1}{2}$, $D = 2.2$. Bariumhaltige
Kreuzsteine heißen **H a r m o t o m** (harmôs, griech. = Fuge, Gelenk);
monoklinsäulig; $H = 4\frac{1}{2}$, $D = 2.45$—2.5. Bruch uneben; spröde.

G a r b e n s i e d e s t e i n, Desmin (desmos, griech., = Bündel;
Strahlsiedestein, Bündelsiedestein), monoklin. $H = 3\frac{1}{2}$—4, $D = 2.1$—2.2.
Sein Name beruht auf der vorherrschend strahligen, bündeligen oder
garbenförmigen Aneinanderhäufung von Säulen, Strahlen und Nadeln.
Bruch uneben, spröde.

Glimmergruppe.

Die Mineralbezeichnung Glimmer (wegen des lebhaften
Glanzes der Spaltflächen) ist eigentlich ein Gestaltbegriff. Er
umfaßt eine Reihe verwickelt zusammengesetzter, meist wasserhaltiger Silikate von blättrig schuppiger Tracht, welche eine
höchst vollkommene Spaltbarkeit nach einer Fläche, der Endfläche, besitzen und federnd biegsam sind. In den Gesteinen
treten sie in Form von lebhaft glänzenden dünnen Blättchen,
Häutchen und Schuppen, seltener in dickeren Lagen von solchen
auf. Die Spaltflächen zeigen metallartigen Perlmutterglanz, entbehren der Spaltrisse und haben vielfach sechsseitigen, hexagonale Tracht vortäuschenden Umriß. In Wirklichkeit aber gehören

die Glimmer dem monoklinen System an; der Neigungswinkel der Lotachse gegen die Waagrechte weicht nämlich etwas von 90⁰ ab. Die Härte der Glimmer ist gering (2½—3), die Dichte verhältnismäßig hoch (2.75—3.2), zum Unterschiede von anderen blättrig entwickelten Mineralien, wie z. B. Kaolin. Setzt man auf ein Glimmerblättchen einen spitzen Stahlstift und

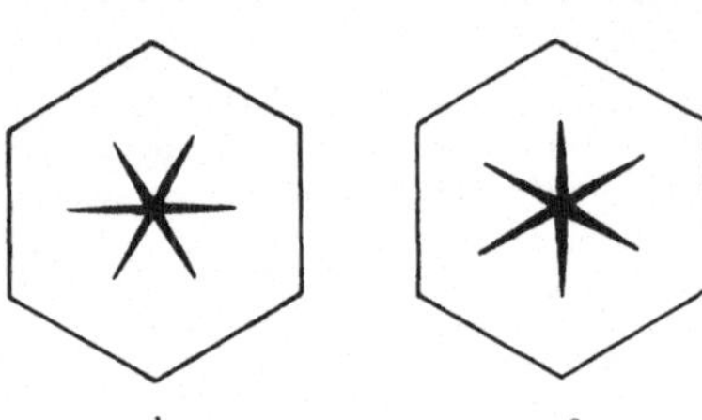

schlägt darauf, so entsteht ein Schlagbild (Abb. 44 a); der eine Riß fällt mit der Spiegelebene zusammen, die beiden anderen gehen den Säulenflächen gleich. Das Druckbild, welches das Aufdrücken einer stumpfen Nadel erzeugt (Abb. 44 b), enthält einen Riß, welcher der Querachse gleichläuft;

Abb. 44. Glimmer; Schlagbild (rechts) und Druckbild (links).

seine Strahlen stehen senkrecht auf jenen des Schlagbildes und entsprechen Gleitflächen, nach denen sich die Glimmer unter der Wirkung des Gebirgsdruckes absondern. Bei beginnender Zersetzung verlieren sie die Fähigkeit zu federn rasch und werden gemein biegsam.

Die wichtigsten Glimmerarten sind:

Muskowit $KAl_2(OHF)_2[AlSi_3O_{10}]$
Paragonit $NaAl_2(OHF)_2[AlSi_3O_{10}]$
Phlogopit $KMg_3 . (OHF)_2[AlSi_3O_{10}]$
Biotit $K(MgFe^{II})_3 (OH)_2[AlFe^{III}Si_3O_{10}]$.

a) Magnesiareiche Glimmer (Dunkelglimmer).

Die Umrisse des Dunkelglimmers sind in Tonaliten und manchen anderen Durchbruchgesteinen meist recht regelmäßig sechsseitig, in zahlreichen durchspritzten Schiefern jedoch mehr oder minder fetzenförmig mit Rändern, welche wie zerfressen aussehen.

Phlogopit (Phlogopos, griech. = feueräugig, wegen seines Glanzes). H = 2½—3, D = 2.8—3.2 (je nach dem Eisengehalte). Farblos bis rötlichbraun, rotblond, auch grün, eisenarm, oft etwas Li führend; Übergänge gegen Biotit.

Gewöhnlicher Biotit (nach dem Physiker Biot); auf der Endfläche perlmutter- bis halbmetallisch glänzend. Eisenreich, dunkel meist tiefbraun bis schwarz, seltener dunkelgrün. Man nennt ihn Anomit (anomos, griech. = gesetzwidrig; magnesiareich, seltener), wenn die optische Achsenebene mit einer Schlaglinie gleichläuft (Glimmer 2. Art) dagegen M e r o x e n (meros, griech. = Teil, xenos, griech. = Gast, Fremder; eisenärmer, häufiger), wenn die optische Achsenebene auf einer Schlaglinie senkrecht steht (Glimmer 1. Art). Von den gewöhnlichen B i o t i t e n dürfte eine Übergangsreihe zum L e p i d o m e l a n (Lepis, griech. = Schuppe; melas, griech. = schwarz) führen (eisenreich, Mg-arm, ausgezeichnet perlmutterglänzend, tiefschwarz). Eisen- und magnesiareich sind die rot- bis rostbraunen, weichen R u b e l l a n e; Z i n n w a l d i t heißen farblose, graue, gelbe, braune bis dunkelgrüne, lithiumhaltige Glimmer, die zum Lepidolith hinüberleiten. W (schwarzer Biotit) = 0.2057 (J o l y).

Die Mg-reichen Glimmer schmelzen v. d. L. unter Trübung um so leichter zu schwarzem Glas, je mehr Eisen sie enthalten. HCl greift sie wenig an, Schwefelsäure dagegen zersetzt sie vollständig unter Zurücklassung weißer Schüppchen oder eines Skelettes von Kieselsäure. Gegen die in der Natur wirksamen Verwitterungskräfte erweisen sich die eisenarmen Abarten widerstandsfähiger als die eisenreichen; aber selbst diese können in Bausteinen längere Zeit frisch bleiben, wenn sie von Angriffen der Schwefelsäure, wie sie in der Großstadtluft enthalten ist oder in eisenkiesreichen Gesteinen sich entwickelt, verschont bleiben. Kommen die eisenreicheren Magnesiaglimmer aber mit Schwefelsäure in Berührung, dann verwittern sie rasch. Dabei tritt zunächst durch Wegfuhr des Eisens eine Bleichung ein; die anfangs rabenschwarze Farbe bekommt einen rötlichen Schimmer und geht allmählich über dunkelgoldigbraun in goldgelb mit metallisch bronzeartigem Glanz („Katzengold“) und dann in Silberweiß über. Bei diesem Vorgange der „Baueritbildung“ bleibt ein die Kristallform bewahrendes Kieselsäuregel bzw. schüppchenartiger Quarz bzw. Opal („Katzensilber“ des Volksmundes z. T.; „Bauerit“) zurück; dieser erweist sich gegen weitere Einflüsse von Verwitterungkräften sehr widerstandsfähig und kann leicht mit Muskovit verwechselt werden (letzterer färbt sich jedoch beim Glühen mit Kobaltlösung blau). Das aus dem Magnesiaglimmer auswandernde Eisen dringt in Form von Brauneisen in die Hohlräume zwischen den übrigen Gemengteilen und in ihre Spaltrisse ein, überzieht Klüfte und Gesteinaußenwände und prägt so anwitternden Felsarten jenen häßlichen, rostfarbenen Ton auf, der uns so oft an Baugliedern mißfällt. Neben dieser „Baueritisierung“ (Bauer, Mineraloge) treten noch Umwandlungen in Chlorit und Epidot auf, welche sich in einer Vergrünung des Glim-

mers äußern, ferner solche in kaolinähnliche, durch Quarz-
körnchen verunreinigte Schüppchen, in Talk, Hydrargillit usw.

Von Hornblende und von Augit unterscheidet den Dunkelglimmer die geringere Härte (mit dem Messer ritzbar!), das
Fehlen von sich kreuzenden Spaltrissen auf der Endfläche, der
selten fehlende, eigentümliche rötliche Schimmer auf den Spaltflächen und die zahlreicheren engständigen und viel feineren
Längsrisse auf den Querschnitten.

b) Magnesiaarme Glimmer (Hellglimmer).

Kaliglimmer (Muskovit; vitrum moscoviticum, lat.
= russisches Glas, weil im Mittelalter aus Moskau eingeführt
und für Fensterscheiben verwendet; Katzensilber). H = 2½ bis
3, D = 2.76—3.1. W = 0.2049 (Joly). Findet sich in den
technisch wichtigen Gesteinen weniger häufig als Magnesiaglimmer und fehlt den jungen Erstarrungsgesteinen gewöhnlich gänzlich. Neben farblosen, durchsichtigen, gelblichen oder
hellgrünen, silberglänzenden Schüppchen kommen auch größere
Tafeln vor (z. B. in Riesenkorngesteinen, auf Klüften usw.)
V. d. L. wird er undurchsichtig und spröde und schmilzt nur
in dünnen Blättchen zu klarem Glase. Gegen Säuren, gegen die
chemischen Wirkungen der Lufthülle und gegen die bei der
Mineralverwitterung sich bildenden alkalischen Lösungen usw.
entfaltet er eine hohe Widerstandsfähigkeit. Man trifft ihn daher in den Gesteinen kaum jemals zersetzt an. Nur sehr selten
wird eine Umwandlung in Hydromuskovit unter Verlust des
Glanzes und der Elastizität genannt. Kobaltlösung färbt ihn,
erhitzt, blau. Muskovit ist ein häufiges Verwitterungsgebilde bei
der Zersetzung von Feldspäten, Feldspatvertretern und zahlreichen anderen Mineralien; er kann daher in einer Felsart
sowohl ursprünglich als auch als Folgebildung vorhanden sein.
Der smaragdgrüne, meist zartschuppige Fuchsit (Chrom-
glimmer; nach dem Mineralogen J. N. Fuchs) führt einige
Gewichtshundertstel Chromerde (Ersatz für Tonerde). Ange-
lagerte Kieselsäure erzeugt den Phengit.

Eine sehr feinschuppige Abart des Muskovites wird Seidenglimmer (Serizit; serikos, griech. = seidig) genannt;
er sieht ähnlich wie Talk aus, fühlt sich ebenso fettig an und
wurde daher schon oft mit Talk verwechselt (Unterscheidung
mit Kobaltlösung!). Der Seidenglimmer verleiht vielen sogenannten Glanzschiefern, Serizitschiefern, Phylliten usw. den
eigenartigen Glanz und stellt sich überall dort gerne ein, wo

Alkalifeldspatgesteine von starkem Gebirgsdruck betroffen wurden. Im olivgrünen R o s c o e l i t h ersetzen erhebliche Mengen von Vanadium (V) die Tonerde (nach dem Chemiker R o s c o e).

L e p i d o l i t h (Lithionglimmer), wasser- und eisenarm, $H = 2$ bis 3, $D = 2.82$—3.2, begleitet die Gesteine der Zinnerzlagerstätten. $W = 0.2097$ (J o l y). Meist pfirsichblütenrot, rosenrot oder weiß, grau, gelblich, blaßveil, Li, Fe, K, Na, Mn (verursacht den rötlichen Ton) und F-haltig. V. d. L. unter Purpurfärbung der Flamme schmelzbar. Eisenarme Lithionglimmer werden selbst von Flußsäure nur schwer angegriffen, eisenreiche, die zum Zinnwaldit hinüberleiten, dagegen leichter.

N a t r o n g l i m m e r (Paragonit, griech. = verführen, weil dem Muskovit täuschend ähnlich); der serizitähnlich ausgebildete Paragonit bildet einen wesentlichen Bestandteil der feinschuppigen, sogenannten Paragonitschiefer; bei sonst muskovitähnlicher Zusammensetzung mehr Na als andere Alkalien führend.

T e c h n i s c h e   B e u r t e i l u n g   d e r   G l i m m e r.

Vom bautechnischen Standpunkte muß man die Glimmer dort, wo sie am Aufbau einer Bergart wesentlichen Anteil nehmen, als Schädlinge oder als arge Unholde bezeichnen. Sie richten um so mehr Unheil an, je reichlicher sie in einem Gestein auftreten, und je vollkommener sie in untereinander gleichlaufenden Zügen angeordnet sind. Zufolge ihrer weitgehenden Spaltbarkeit erleichtern sie in jedem Falle den Witterungseinflüssen den Zutritt ins Gestein und zeichnen ihnen bei lagenweiser Anordnung den Weg ins Gesteininnere geradezu vor. So erleichtern und begünstigen sie das Aufblätttern, Abschalen, Absanden und Zerspringen vieler Gesteine. Sie unterbrechen und lockern durch ihre leichte und weitgehende Spaltbarkeit den innigen Verband der anderen Gesteinsgemengteile in mehr oder minder hohem Grade und setzen dadurch die Festigkeit der Gesteine ebenso herab wie sie ihre Zersetzung und ihren Zerfall fördern. Dabei nehmen sie, ausbrechend, kaum jemals eine genügende Glätte (Politur) an und geben in ihren eisenreicheren Abarten Veranlassung zur Bildung der entstellenden gelben und braunen Flecken („Rostflecken") von Brauneisen auf den Oberflächen der Bausteine. Feine, möglichst zusammenhängende und durchstreichende Glimmerlagen in geringen, gleichmäßigen Abständen voneinander kommen dem Hochbauer nur in den Dachschiefern gelegen, wo sie eine gute Spaltbarkeit bedingen und eine wirtschaftliche Ausnutzung und Gewinnung des Baustoffes ermöglichen; absätzige, schwache Glimmerlagen oder solche von lockerer Beschaffenheit, kohlige Beimengungen u. dgl. setzen dagegen die Güte des Schiefers wesentlich herab.

Bei der Verwendung der Glimmer („Nutzglimmer") macht man sich ihre geringe Zerbrechlichkeit, ihre Federbiegsamkeit, ihre sehr vollkommene und leichte Spaltbarkeit, Durchsichtigkeit, Widerstandsfähigkeit gegen hohe Wärmegrade, geringe Wärmeleitung (Wärmeschutzmittel), hohe Durchschlagsfestigkeit gegenüber Elektrizität (2.000mal so wirksam wie Luft!) und den Glanz der gemahlenen Schuppen zunutze. Voraussetzung für die Verwendbarkeit des Nutzglimmers (Hellglimmers) in der Elektrotechnik ist eine gewisse Blättchengröße (mehr als 27 mm im Geviert), Glattheit, völlige Rissefreiheit und Abwesenheit von Einschlüssen und Verwitterungsspuren (Brauneisen usw.). Die erste Forderung erfüllen nur die Glimmer der Riesenkorngesteine (Vorkommen: Ceylon, Kanada, Bengalen, Südafrika, Ostafrika, Brasilien, Balkan, Europäisches Rußland, Sibirien usw.); die Riesenkorngesteine unserer Alpen (Koralpe, Stubalpe, Saualpe) usw. weisen Glimmer von genügender Größe und in abbauwürdiger Menge auf, doch sind die Täfelchen infolge der Wirkungen des Gebirgsdruckes vielfach verbogen (knittrig) und feinstrissig. Die Abfälle werden auf Kunstglimmer (Micanit usw.) verarbeitet, dem Edelputz zugesetzt und auf Dachpappen gestreut. Fein gemahlen verwendet ihn die Papiererzeugung.

Die weitaus größten Glimmermengen werden heute zu Isolierzwecken im elektrischen Großgewerbe gebraucht (Glimmerpulver, Glimmertafeln, Kunstglimmer). Die Starkstromtechnik verlangt vor allem hohes Isoliervermögen, Zähigkeit und Widerstandsfähigkeit gegen mechanische Beanspruchung (insbesonders Erschütterungen), große Biegsamkeit (durch Beimischungen erzielt in den Erzeugnissen Mikanit, Megohunt, Mikafolium usw.), lange Gebrauchsfähigkeit, Hitzebeständigkeit, Unempfindlichkeit gegen Säuren, Fehlen jeder Feuchtigkeitsanziehung und gute Raumausnützung. Außerdem verwendet man ihn zu unzerbrechlichen und hitzebeständigen Fensterscheiben (z. B. in Ofengucklöchern und in den Panzertürmen der Kriegsschiffe), zu Schutzbrillen, Deckgläschen, Lampengläsern, Rauchschutzhelmen, Gasschutzhelmen, für die Erzeugung glitzernder Farben (z. B. beim Tapetendruck), als Wärmeschutzmittel, für Heizgeräte usw., ja sogar als Achsenschmiermittel (wozu sich besonders der Seidenglimmer eignet) und als Aufsaugemittel für Nitroglyzerin (Dynamit).

Hornblende-Augit-Gruppe.

Die Glieder dieser Gruppe treten in den Gesteinen sehr oft neben und statt Glimmer auf. Sie sind in den Gesteinen meist grün (tief schwarz- bis hellgrün) oder schwarz gefärbt, undurchsichtig, bilden, wenn kristallisiert, Säulen und tragen kennzeichnende, auf dem Querschnitte sich kreuzende Spaltrisse, welche den Säulenflächen gleichlaufen (Abb. 45, 46). Bruch splittrig bis höckrig. Vom Dunkelglimmer unterscheidet sie der Widerstand gegen das Eindringen der Messerspitze, das Fehlen des rötlichen Schimmers bei meist ausgesprochen schwarzer oder grüner Farbe, die von Schuppen- oder Blättchenform völlig abweichende Gestalt (meist Säulen oder Stengel), und die weitaus weniger weitgehende Zerspaltbarkeit.

Hornblende (Amphibol; amphibolos, griech. = zweideutig, weil früher öfters mit Schörl verwechselt) und Augit (augé, griech. = Glanz; Pyroxen: pyr, griech. = Feuer, xénos, griech. = Fremdling, weil man früher glaubte, er sei nur zufällig in die Durchbruchgesteine geraten) sind ohne mikroskopische Untersuchung nicht immer leicht voneinander zu unterscheiden und werden deshalb von Anfängern oft verwechselt. Die Hauptunterscheidungsmerkmale sind folgende: Auf Querbrüchen ergibt die Hornblende Sechsecke (Abb.

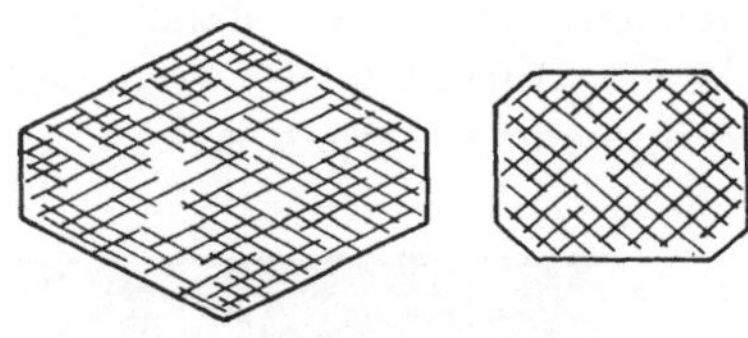

Abb. 45. Abb. 46.

Abb. 46. Querschnitt durch einen Hornblende- (Abb. 45) und durch einen Augitkristall (Abb. 46). Die Spaltrisse laufen den Säulenflächen gleich.

45) als Querschnitte; sie werden von den vier Säulen und zwei Längsflächen begrenzt und durch den Säulen- und Spaltungswinkel von 124½° (55½°) gekennzeichnet (Spaltrisse gleichlaufend der Spur der Säulenflächen!). Der Augit dagegen läßt meist achtseitige Querschnitte (Abb. 46) entstehen, begrenzt von den vier Säulenflächen, zwei Längs- und zwei Querflächen; der Säulen- und Spaltungswinkel mißt etwa 87° (93°).

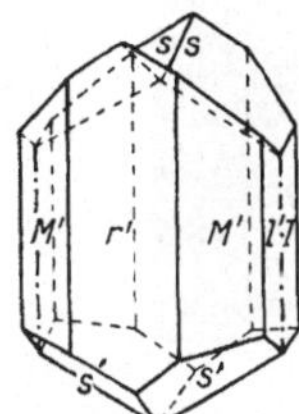

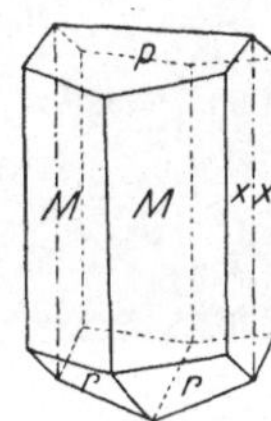

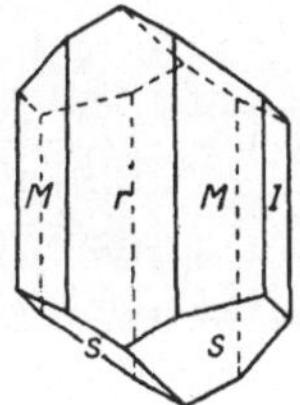

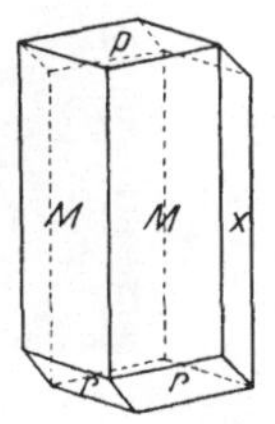

Abb. 47. Augitzwilling; einspringende Winkel; s, s' Halbspitzdach, r' Querfläche, M' Säulenflächen, l, l' Längsflächen.

Abb. 48. Hornblendezwilling. Vorgetäuschte ungleichhälftige Ausbildung (Hemimorphie). P Endfläche, x Längsflächen, M Säulenflächen, r Halbspitzdach.

Abb. 49. Augitkristall; gedrungene Tracht.

Abb. 50. Hornblendekristall; kurzsäulige Tracht

Augit spaltet im allgemeinen weniger gut als Hornblende; Zwillingsformen zeigen bei Augit einspringende Winkel (Abb. 47), die den Hornblendezwillingen (Abb. 48) fehlen. Außerdem bildet die Hornblende zuweilen Stengel und fasrige Gehäufe, während Augit stets gedrungensäulig (Abb. 49) entwickelt ist; in jenen Fällen, in denen auch die Hornblende mehr kurzsäulige Tracht aufweist, bildet sie andere Flächen aus (Abb. 50) als Augit. V. d. L. schmilzt Augit ziemlich ruhig, Hornblende unter Anschwellen und Kochen. Viele Augite führen mehr Kalkerde als die entsprechenden Hornblenden; sie würden daher im allgemeinen leichter verwittern als die Hornblenden, wenn bei diesen nicht die bessere und weitgehendere Spaltbarkeit den Zerfall und die Zersetzung

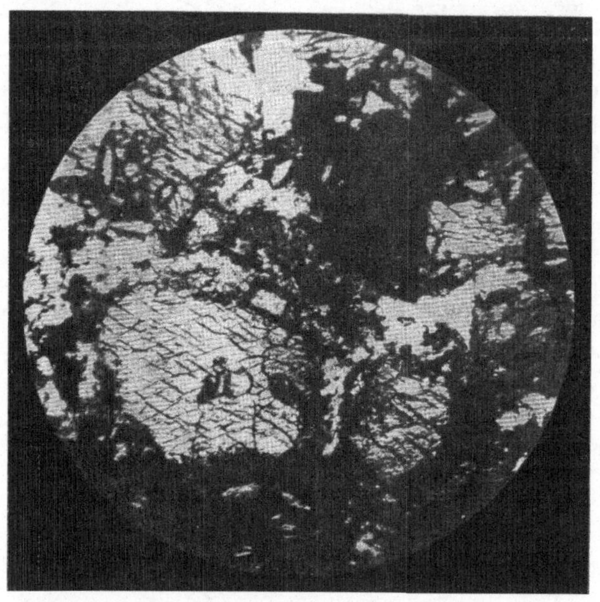

Abb. 51. Hornblende (hell) mit Spaltrissen, welche sich unter einem Winkel von $124^{1}/_{2}°$ schneiden, im Dünnschliffbilde eines Amphibolites von Mixnitz, Steiermark.

fördern würde. Augit ist in der Regel schwerer (3.3) als Hornblende (3.1).

In chemischer Hinsicht sind die Augite im allgemeinen einfacher zusammengesetzt und kalkreicher; sie führen seltener Kali, sind meist völlig wasserfrei und nur in einzelnen Abarten tonerdereicher; die Hornblenden dagegen führen häufig viel Tonerde, sind verwickelt gebaut, oft wasser- und fluorhaltig und kalkärmer als die entsprechenden Augite; bei Alkaligehalt tritt neben Natronvormacht Kali oft in größeren Mengen auf. Die tonerdearmen bis tonerdefreien Glieder der

Gruppe zeichnen lichte Farben aus (farblos, weiß, grau, hell-
grün; z. B. Strahlstein, Grammatit, Asbest, Salit, Diallag,
Malakolith, Diopsid). während die tonerdereicheren größere
Mengen von Eisenoxyd und dunkle Farben aufweisen (ge-
meiner Augit, basaltischer Augit, gemeine und basaltische
Hornblende).

Die Gruppe gliedert sich in zwei Reihen von technisch-
gesteinkundlicher Wichtigkeit, eine rhombische und eine
monokline; die Vertreter einer dritten, triklinen Reihe haben

Abb. 52. Nadelig ausgebildete, strahlsteinartige Hornblende, teilweise in „Garben“
angereichert. Garbenschiefer aus dem Gr. Sölktale, Obersteiermark.

nur mineralogische Bedeutung. Die nahe Verwandtschaft der
Augite und Hornblenden kommt auch in einem häufigen Übergang der Glieder dieser Familien ineinander zum Ausdrucke.
Er beruht auf der Zerspaltung verwickelt gebauter Silikat-
moleküle in einfachere, wie sie beiden Mineralgruppen gemeinsam sind. Hoher Druck, Gasreichtum des Schmelzflusses
und nicht zu große Hitze (bis 800° C) begünstigen die Bildung
von Hornblenden, hohe Wärme, veränderlicher Druck und
Gasarmut die Entstehung von Augiten.

1. Rhombische Reihe.

a) Augite   b) Hornblenden
Enstatit, $MgSiO_3$ (sehr eisenarm)
  (0 bis 5 v. H. $FeSiO_3$) bis eisen-
  frei.

Bronzit, $(MgFe)SiO_3$ (eisenarm
   5 bis 15 v. H. $FeSiO_3$)
Hypersthen, $(MgFe)SiO_3$ (eisenreicher, über 15 v. H. $FeSiO_3$)

Anthophyllit $(MgFe)_7(OHSi_4O_{11})_2$
   mit geringen Mengen von Tonerde

2. Monokline Reihe.

Klinoenstatit $MgSiO_3$
Gemeiner und basaltischer Augit
   $MgCaSi_2O_6 . CaFeSi_2O_6$ mit
   Al_2O_3, Fe_2O_3 und Ti
Omphacit
Diallag. $CaMgSi_2O_6$ mit Al_2O_3
   (1—4 v. H.) und mit Fe_2O_3
Diopsid, (Salit, Malakolith)
   $CaMgSi_2O_6$

Gemeine und basaltische Hornblende (eisenreicher)
   $Ca_2Mg_5(OH_2) . Si_8O_{22}$ mit Na,
   Fe^{II}, Fe^{III}, Mn, Al und Ti.

Strahlstein, $Ca_2Mg_5Si_8O_{22}$ mit
   reichlich Fe
Grammatit (Tremolit), $Ca_2Mg_5Si_8$
   O_{22} (meist etwas Mg durch H_2
   ersetzt)

Ägirin und (Akmit) $NaFeSi_2O_6$
Hedenbergit, $CaFeSi_2O_6$
Jadeit, $AlNaSi_2O_6$

Riebeckit, $NaFeSi_2O_6$

a) Augite.

Enstatit, (enstatés, griech., = Gegner wegen der Unschmelz-
barkeit v. d. L.), grau, grünlich, bräunlich, lebhaft glasglänzend.
$H = 5.5$, $D = 3.1$—3.29. Von Salzsäure gar nicht, von Flußsäure kaum
angreifbar. Umwandlung in Schillerspat (Bastit, d. i. fasriger bis
blättriger, grünlicher oder gelblicher, wasserhaltiger, zum Serpentin ge-
höriger Bestandteil des sogenannten Schillerfelsens).

Bronzit. Grobblättrige Aneinanderhäufungen in Olivingesteinen,
Gabbros, Serpentinen usw. $H = 4$—5, $D = 3$—$3\frac{1}{2}$, Bronzefarben
(Name!), nelkenbraun, auch lauchgrün; auf der Querfläche tombak-
farbiger Schiller infolge von Einschlüssen; häufig seidig-metallisch
glänzend. V. d. L. sehr schwer schmelzbar, unangreifbar für Säuren.

Hypersthen, (Hyper, griech., = über; sthenos = Kraft, weil
härter als die beiden vorhergehenden). $H = 6$, $D = 3.3$—3.4, $W = 0.1914$
(R. Ulrich). Schwärzlichgrün, schwarzbraun bis pechschwarz, auf
der Querfläche oft kupferrot, halbmetallisch schimmernd. Unangreifbar
von Säuren. V. d. L. mehr oder weniger leicht zu einem grünschwarzen, oft magnetischen Glase schmelzend. Wie alle rhombischen Augite
spröde.

Gemeiner und basaltischer (frischer!) Augit.
$H = 6$, $D = 3.3$—3.5. Meist schwarz bis schwarzgrün (dann
Fassait genannt), ausnahmsweise braun bis gelbbraun. Ti-
tanreiche Abarten heißen Titanaugite; sie zeigen oft
einen prächtigen Schalenbau. Weit verbreitet in basischen
Ergußgesteinen, und zwar sowohl in den älteren (als schwarz-
grüner gemeiner Augit) wie in den jüngeren (in Form des

pechschwarzen basaltischen Augites). Kristalle, Körner. Einschlüsse oft gürtelförmig angeordnet. O m p h a c i t (omphax, griech. = unreife Traube); sattgrün bis grasgrün, neben rotem Granat Hauptgemengteil der Eklogite; H = 6; D = 3.3 Beziehungen zu Diopsid.

D i a l l a g (diallagé, griech. = Wechsel; zufolge seiner ungleichen Spaltbarkeit). H = 4—5, D = 3.23—3.34. Stets in

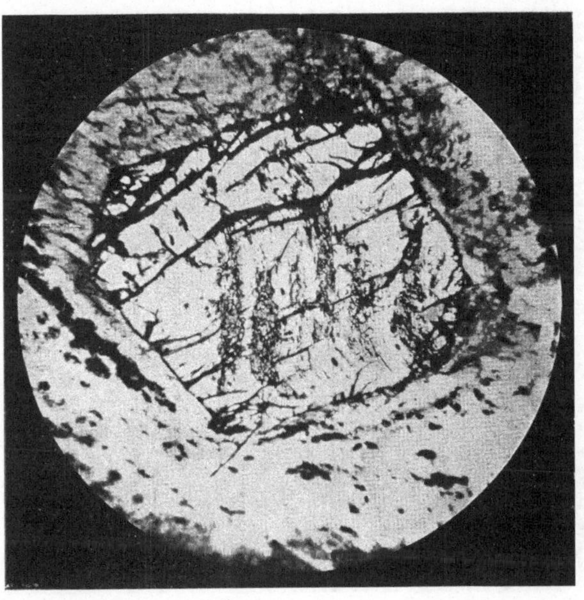

Abb. 53. Schnittbild eines Granatkristalls. Unregelmäßige Sprünge, gedrehte Einschlüsse (Streifchen aus Punkten). Teigitschgraben, Weststeiermark.

Körnern, Kristalle fehlen. Entwickelt häufig neben der Säulenspaltbarkeit eine sehr deutliche Teilbarkeit nach der Querfläche. Grau, lauchgrün oder bräunlich (nelkenbraun), mit lebhaftem, oft metallischem Glanz auf der Querfläche. Eisenreich. Allein gesteinsbildend (Diallagfels) oder das Hauptgemengteil basischer Erstarrungsgesteine (Gabbro usw.) auftretend.

D i o p s i d (griech. = doppeltes Gesicht, wegen seiner Kristallflächenentwicklung? oder = durchsichtig?), M a l a k o l i t h (malakós, griech. = mild), S a l i t (Sala, Fundort

in Norwegen). Farblose, lauchgrüne, flaschengrüne oder blaßgrüne Augite, tonerdefrei oder doch an Tonerde sehr arm.
H = 5—6, D = 3.3. Sehr häufig vertritt Fe geringe Mengen
von Mg. Bei (geringem!) Chromgehalt spricht man von
C h r o m d i o p s i d.

Ä g i r i n (Aegir, griech., = Meeresgott), A k m i t (akme, griech.,
= Spitze). Schwärzlich grün, auch bräunlichschwarz. H = 6—6½,

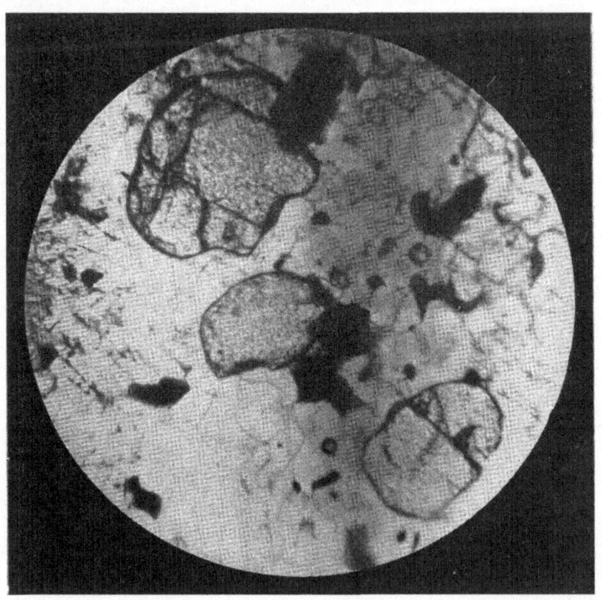

Abb. 54. Granatkörner, verrundet, im Schliffbilde eines Granulitgneises von
Kemmelbach, Niederösterreich.

D = 3.5—3.6. Bestandteil von alkalireichen Erstarrungsgesteinen.
Schmilzt v. d. L. mit gelber Flammenfärbung ziemlich leicht zu einem
magnetischen Glase.

J a d e i t (Jadestein). Weißlichgrün, dichte körnige bis fasrige, oft
schön kantendurchscheinende Gehäufe von äußerster Zähigkeit. H =
6½, D = 3.2—3.3, Verwertung wie Nephrit (Schmuckstein).

S p o d u m e n (Spodós, griech., = Asche) besteht vorwiegend aus
$AlLiSi_2O_6$; veil bis rosarot (K u n z i t), tiefsmaragdgrün (Cr, Fe;
H i d d e n i t), auch weißlich bis grünlichgrau. H e d e n b e r g i t
(H e d e n b e r g, schwedischer Chemiker) ist schwarz bis schwärzlichgrün; $CaFeSi_2O_6$.

b) Hornblenden.

Anthophyllit (anthos, griech., = Blume; phyllon, griech., = Blatt). Lange, schmale Säulchen, breitere, etwas abgeplattete Stengel und fasrige Massen von grünlicher, gelblichgrauer bis bräunlicher Farbe. Perlmutter- bis Glasglanz, auf (010) mit metallischem Schiller. Neben der Säulenspaltbarkeit ist noch eine Spaltbarkeit nach der Längsfläche und eine Absonderung nach der Querfläche vorhanden. Selten. Rinden um die Serpentin-Olivinknollen des Gneises bei Dürrenstein (Niederösterr.). H = 5½—6, D = 3.0—3.2. V. d. L. fast unschmelzbar, von Säuren nicht zerstörbar.

Gemeine und basaltische Hornblende. Gedrungene Säulen oder Körner (Abb. 51), selten fasrig, dunkelschwärzlichgrün, braun (gemeine Hornblende) oder tiefschwarz, meist mit einem Stich ins Grüne (basaltische Hornblende; W = 0.1983 nach Joly), der den dunklen Augiten stets fehlt. Strich farblos, graugrün bis graubraun. H = 4½—6, D = 3.15— 3.33. Die gemeine Hornblende ist ein häufiger Bestandteil vieler Tiefen- und älteren Ergußgesteine (Syenite, Diorite, Porphyrite usw.) sowie umgeprägter Felsarten (Amphibolite, Abb. 51) usw.; in den jüngeren Ergußgesteinen tritt die basaltische Hornblende auf. In vielen umgeprägten Gesteinen neigt sie zu längssäulig-nadeliger Ausbildung (Abb. 52) und reiht sich oft zu Bündeln und „Garben" aneinander; die Enden entbehren dann meist kristallflächenhafter Begrenzung („schilfige" Hornblende); die Färbung ist blaß- bis kräftiggrün (W = 0.2113 nach Joly).

Strahlstein (Aktinolith; aktis, griech. = Strahl). H = 5½—6. D = 3.05—3.15. Lichtgrün, tiefgrün bis schwärzlichgrün, meist ohne Endfläche. Lange Säulen, Stengel; fasrige Massen bilden den Übergang zu Asbest (siehe unten). Äußerst dichte, zähe, feinfilzige Gehäufe von lauch- bis graulichgrüner Farbe bilden den Nephrit (nephros, griech. = Niere; die Alten hielten ihn für ein Heilmittel bei Nierenleiden), welchen der Vorzeitmensch zu Steinbeilen usw. verarbeitete; seine edleren, durchscheinenden Abarten werden auch jetzt noch in Ostasien als Schmuckstein usw. geschätzt. Fasrig als Asbest (ásbestos, griech. = unverbrennlich). Smaragdit (gras- bis smaragdgrün) ist eine strahlsteinartige Folgebildung aus Augit.

Grammatit (gramma, griech. = Strich; Tremolit, nach der Tremolaschlucht, wo er sich nicht findet) H = 5½—6, D = 2.93—3.1. Farblos, weiß, grau, hellgrün (lichtflaschengrün), in breiteren Stengeln, langen Säulen und fasrigen, oft strahligen Gehäufen. Durchscheinend, Perlmutter-

bis Seidenglanz. Haarförmige Abänderungen heißen A s b e s t und werden hin und wieder zu feuerfesten Platten, hitze- und säuresicheren Umhüllungen, Lampendochten, Dampfdichtungen usw. verarbeitet; der Hornblendeasbest läßt sich jedoch wegen seiner Sprödigkeit nicht verweben wie Serpentinasbest; dieser verspinnt sich leichter („Bergflachs") und ist auch haltbarer. Sehr feine, seidenartige Fasergehäufe von Strahlstein und Grammatitasbest heißen auch A m i a n t h e (amíanthos, griech. = unbefleckt) oder Byssolith (Byssusstein; býssos, griech. = feiner Flachs).

Den Übergang zu den Alkalihornblenden vermittelt der B a r k e v i k i t (eisenreich Mg-arm, mäßiger Alkaligehalt); tiefschwarz, nach einem Vorkommen in Norwegen benannt.

G l a u k o p h a n (glaukos, griech., = blau; phaino, griech., = ich scheine). Vorwiegend $Na_2Al_2Si_4O_{12}$, H= 6—6½, D = 3.0—3.1; blaugrau, lavendelblau bis schwärzlichblau; stengelig ausgebildet. Einen Übergang zur gemeinen Hornblende bildet der dunkle K a r i n t h i n (z. B. von der Saualpe in Kärnten).

R i e b e c k i t (E m i l R i e b e c k, Sammler dieses Minerales). H = 5½, D = 3.3. Glasig, tiefblau bis schwarz, vielfach dem Schörl ähnlich. Vorwiegend $Na_2Fe_2Si_4O_{12}$. In sogenannten Riebeckitgraniten und daraus hervorgegangenen Orthogneisen (z. B. im Forellenstein bei Gloggnitz am Semmering).

K r o k y d o l i t h (krokýs, krokydos, griech., = Flocke; „Flockenstein" wegen seiner feinfasrigen Erscheinungsweise), seidigglänzend, indigoblau bis grünlich, auch erdig; wird zu Schmucksteinen verwendet (Tigerauge, goldgelbes Gemenge von Quarz und anderen Verwitterungsgebilden des Krokydolith; vgl. S. 17).

c) N a c h t r a g s b e m e r k u n g e n.

Die monoklinen Glieder der Hornblendeaugitreihe sind leichter schmelzbar als die rhombischen. Gegen Säuren — Flußsäure ausgenommen — zeigen alle Augite und Hornblenden eine hohe Widerstandsfähigkeit, die jedenfalls viel größer ist als jene der Feldspäte. Die Verwitterbarkeit nimmt jedoch im allgemeinen mit der Abnahme des Eisengehaltes zu, so daß also unter den monoklinen Abarten die gemeinen und basaltischen Augite bzw. Hornblenden von Säuren am wenigsten angegriffen werden. Im f r i s c h e n Zustande vermag sie in den Gesteinen selbst die aus vorhandenem Eisenkies sich entwickelnde Schwefelsäure nicht merklich anzugreifen; daraus folgt, daß Schwefelkiesgehalt in basischen und zugleich nicht sehr feldspatreichen Gesteinen weniger schädlich wirkt wie in Hornblende- oder augitarmen und dabei feldspatreichen

Bergarten. Zeigen die Augite und Hornblenden jedoch schon im einzubauenden Bausteine Anzeichen von V e r w i t t e - r u n g s vorgängen, dann vermögen Säuren, wie z. B. Schwefelsäure, die Verwitterung immerhin erheblich zu beschleunigen. Man hat daher bei der Verwitterung von Gesteinen mit viel Augit und Hornblende auf die Beschaffenheit dieser Mineralien ebenso sorgfältig zu achten, wie auf jene der Feldspäte. Auf solche angewitterte Augite und Hornblenden wirken kohlensäurehaltige Wässer und kohlensaure Alkalien in der Weise ein, daß sie Karbonate von Kalzium und Eisen bilden; letzteres wandelt sich durch den Sauerstoff der Luft unter Mitwirkung von Wasser in Eisenoxydhydrat um. Im allgemeinen verwittern die kalk- und tonerdearmen Abarten langsamer als jene, welche mehr von diesen Stoffen enthalten, und die Hornblenden wegen ihrer vollkommeneren Spaltbarkeit rascher als die entsprechenden Augite.

Bei der Verwitterung bzw. unter Mitwirkung gebirgsbildenden Druckes geht aus Augit oft eine grüne, fasrige Hornblende hervor, welche man nach Vorkommen im Uralgebiete U r a l i t nennt. Ihre stoffliche Zusammensetzung nähert sich bald jener des Strahlsteins, bald jener der gemeinen Hornblende. $D = 3{-}3.04$. Außerdem gehen aus Augiten und Hornblenden hervor: Epidot, Chlorit (meist unter Ausscheidung von Brauneisen, Kieselsäure, mitunter auch von Kalkspat), Serpentin, Talk (tonerdefreie Hornblenden), Biotit (tonerdehaltige Hornblenden) usw.

Granatgruppe.

Zur Granatgruppe (granatus, lat. = gekörnt, körnig) gehört eine Reihe von Mineralien, die sich durch einfache Tracht (Rhombendodekaeder, Abb. 7, Deltoidvierundzwanzigflächner, Abb. 37, rundliche Körner, Abb. 54; in der Regel eingesprengt, selten aufgewachsen) sehr vollkommene Spaltbarkeit, hohe Dichte (größer als 3.4), große Härte ($6\frac{1}{2}{-}7\frac{1}{2}$) und Widerständigkeit gegen Säuren auszeichnen. Ihre Durchschnitte sind viereckig, sechseckig, achteckig oder rundlich, immer gleichausmaßig. Der Bruch ist muschelig bis splittrig, spröde. Glasglanz bis Fett- und Harzglanz. Stofflich sind sie meist Silikate von dem Aufbaue: $X_3Y_2Si_3O_{12}$, wobei X zweiwertiges Eisen, Magnesium, Kalzium, Mangan, Y Aluminium, Chrom und dreiwertiges Eisen sein kann. Gesteinkundlich wichtig sind:

Almandin, Eisentongranat, $Fe_3Al_2Si_3O_{12}$;
Pyrop, Magnesiatongranat, $Mg_3Al_2Si_3O_{12}$;
Andradit, Kalkeisengranat, $Ca_3Fe_2Si_3O_{12}$;
Grossular, Kalktongranat, $Ca_3Al_2Si_3O_{12}$ (mit etwas Fe_2O_3);
Gemeiner Granat, Kalkeisentonerdegranat, Mg-haltig,
$Ca_3Al_2Si_3O_{12} + Ca_3Fe_2Si_3O_{12} + Fe_3Al_2Si_3O_{12}$.

In den Gesteinen können die Granaten gemeiniglich als völlig wetterfest gelten. In der Natur wandeln sich allerdings manche Abarten allmählich um (Verglimmerung, Chlorit-, Epidot-, Zoisitbildung, Entstehung von Quarz, Hornblende, Feldspat, Roteisen usw.). Die eigentliche Heimat der Granate sind die Umprägungsgesteine; sie fehlen aber auch in manchen Erstarrungsgesteinen nicht.

A l m a n d i n. (Nach der Stadt Alabanda in Karien.) Gelbrot, bräunlichrot, blutrot, kirschrot. H $= 7-7\frac{1}{2}$, D $= 4.1$ bis 4.3. V. d. L. leicht schmelzbar. Perle magnetisch, dunkel. Die gepulverte Schmelze bildet beim Kochen mit Salzsäure eine Kieselsäuregallerte. Widerstandsfähig gegen Säuren. Verwitterungserscheinungen selten. In Durchbruchgesteinen und umgeprägten Gesteinen (Gneisen, Glimmerschiefern usw.); zuweilen auch in Seifen angereichert.

S p e s s a r t i n (nach dem Vorkommen im Spessart); Mangantongranat. Braunrot. Vorzugsweise in Riesenkorngesteinen, vergesellschaftet mit Quarz, Feldspat, Glimmer usw.

G e m e i n e r G r a n a t. In der Farbe (braun, grün), im Vorkommen und in vielen Eigenschaften mit Almandin übereinstimmend, aber weitaus leichter verwitternd (zu Chlorit, Hornblende, Brauneisen, Glimmer usw.). Gewisse kolophoniumbraune Abarten heißen K o l o p h o n i t. W $= 0.1780$ (J o l y).

P y r o p (pyropos, griech. $=$ feueräugig). Selten würfelähnliche Kristalle, gewöhnlich in losen oder eingewachsenen Körnern. Blutrot bis hyazinthrot, durchsichtig. H $= 7-7\frac{1}{2}$, D $= 3.7-3.8$. Schwer schmelzbar, Perle unmagnetisch, schwärzlichgrün. Unlöslich in Säuren. In umgeprägten Gesteinen (Krems bei Budweis, Steinegg im niederösterreichischen Waldviertel usw.), ferner in Seifen (Meronitz in Böhmen); bevorzugt die Gesellschaft von Olivin, Serpentin oder Augit. Verwendung: Als Schmuckstein (Kaprubin) und zum Austarieren. Zum Pyrop gehört wahrscheinlich auch der Wunderstein „Karfunkel" des Märchens.

A n d r a d i t (Andrada, Mineraloge). T o p a z o l i t h (durchsichtig, gelb), A p l o m (aplós, griech. $=$ einfach; grün),

Demantoid (gelbgrün), Melanit (wegen seiner samet-schwarzen Färbung; melas, griech. = schwarz; titanhältig). H = 7, D = 3.6—4.4; unlöslich in Säuren. V. d. L. schwer zu einem schwarzen, magnetischen Glase schmelzend; letz-teres scheidet beim Kochen mit Salzsäure gelatinöse Kiesel-säure ab. Umwandlungserscheinungen unbekannt. Bestandteil vieler jüngerer, alkalireicher Ergußgesteine.

Grossular (Ribes grossularia = Stachelbeere), Kaneel-stein (Farbe des Zimt- oder Kaneelöles), gelblich bis stachel-beergrün, rötlichgelb bis rosa. H = 6½—7, D = 3.4—3.6. V. d. L. ruhig und leicht zu einem grünlichen Glase schmel-zend. Unlöslich in Säuren. Bestandteil des Saussurites. Licht-rote, eisenhaltige Kalktongranate sind die Hessonite (hes-son, griech. = weniger, weil minder wertvoll als echter Hya-zinth). Grossular ist ein häufiger Begleiter von Kalkspat, Diopsid, Chlorit, Wollastonit oder Vesuvian.

Uwarowit (Uwaroff, russ. Kriegsminister), Kalk-Chromgra-nat. $Ca_3Cr_2Si_3O_{12}$. Dunkelsmaragdgrün. Wird gerne von Chromit be-gleitet.

Technische Verwertung der Granate.

Die klaren, durchsichtigen, schöngefärbten und rissefreien, größeren Stücke werden auf Schmucksteine verarbeitet („Ka-prubine", Pyrope, Topazolithe, Demantoide usw.). Die ge-wöhnlichen, unscheinbaren Stücke, wie sie in manchen Ge-steinen massenhaft auftreten, dienen als Schleif- und Glätte-mittel (Schleifgranaten), wenn sie härter sind als Quarz; die-sem gegenüber besitzen sie dann den weiteren Vorzug, daß ihre Kanten und Ecken schärfer und spitzer sind und durch Nachbrechen lange diesen gebrauchsfähigen Zustand behalten, während sich die Ecken und Kanten des Quarzes verhältnis-mäßig rasch abstumpfen und zurunden. Außerdem haften die ziemlich ebenen Bruchflächen des Granates besser am Papier bzw. Leinen, was für die Herstellung von Schleifpapier, Schleifleinen usw. von Bedeutung ist. Schleif- und Glätte-pulver verwenden insbesonders die Spiegelglaserzeuger, die Eisenschleifereien und die Weichgesteinwerke; hier macht sich die geringe Härte des Granates gegenüber dem Schmir-gel sogar vorteilhaft geltend.

Die meisten Schleifgranate erzeugt Nordamerika. Deutsche Gewinnungorte liegen in der Oberpfalz („bayrischer Schmir-gel") und in den Alpen (Radenthein in Kärnten, Murau in Obersteiermark, Zillertal usw.).

Olivin (Olivenstein).

Der gewöhnliche Olivin (P e r i d o t, frz. Name, C h r y s o l i t h; chrysos, griech. = Gold, lithos, griech. = Stein) erscheint im Gesteine dem freien Auge gewöhnlich in Gestalt unregelmäßig begrenzter, durchsichtiger bis durchscheinender Körner von oliven- (Name!), flaschen- oder spargelgrüner, seltener rötlich-grüner Farbe; Glasglanz und unvollkommene Spaltbarkeit (muscheliger bis splittriger Bruch). Kristalle (Abb. 55) sind seltener. Rhombisch. H = 5½ bis 7, D = 3.3—4.2 je nach Zusammensetzung, Mischungen von Fayalit- (Fe_2SiO_4; Insel Fayal) und Forsteritstoff

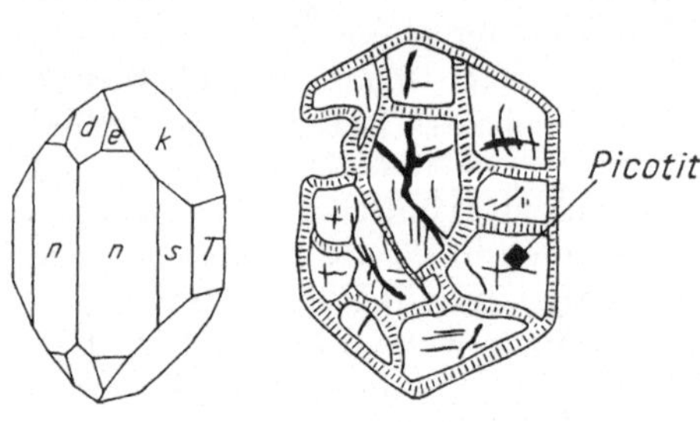

Abb. 55.   Abb. 56.

Abb. 55. Olivinkristall. Säule (n), Längsdach (k), Spitzdach (e), Querdach (d), Längsfläche (T), Säule (s).
Abb. 56. Verwitterung eines Olivinkristalles von den Spaltrissen aus.

(Mg_2SiO_4; F o r s t e r, Mineralog) in wechselndem Verhältnis; eisenreiche (29—31 v. H. FeO) Olivine nennt man H y a l o s i d e r i t und H o r t o n o l i t h (35—45 v. H. FeO; fast schwarz). Gibt im Kölbchen kein Wasser ab, zum Unterschiede von Serpentin, welcher übrigens auch weicher (mit dem Messer ritzbar) und leichter ist.

Wird beim Glühen rot; auch beginnende Oxydation färbt ihn rot bis rotbraun. Eisen- und manganfreie Olivine sind farblos bis gelblich. Die eisenarmen Olivine schmelzen v. d. L. nicht, die eisenreicheren mehr oder minder leicht zu schwarzem, magnetischem Glas.

Salzsäure und noch rascher Schwefelsäure zersetzen Olivin in der Wärme zu Sulzen umso leichter, je eisenreicher er ist. Groß ist seine Neigung, unter Wasseraufnahme und Raumvergrößerung sowie Abnahme der Härte (hydrolytisch) in Serpentin überzugehen. ($2\,Mg_2SiO_4 + 2\,H_2O + CO_2 = = H_4Mg_3Si_2O_9 + MgCO_3$); dabei entsteht vielfach auch Magnesit (siehe voranstehende Formel!) und außerdem nicht selten Talk, Opal usw. Die Verwitterung geht vom Kornrande und von den Rissen und Spalten (Abb. 56) aus, welche die Olivinkörner nach allen Richtungen durchziehen; von da aus ergreift sie allmählich das ganze Mineral; außer den bereits genannten Mineralien entstehen häufig noch Anthophyllit,

Strahlstein (Pilit; fasrig-filzig), Epidot, Brauneisen, Kalkspat, Opal usw. Häufiger Bestandteil in basischen Tiefen- und Ergußgesteinen, in Olivinfelsen (Peridotiten) ganze Gesteinskörper zum überwiegenden Teile aufbauend. In Basalten und ihren Tuffen trifft man oft körnige, kugelige Massen von Olivin vergesellschaftet mit Hornblende, Picotit usw. an, die sogenannten Olivinbomben (Kosakowberg bei Krumau (Böhmen), Kalvarienberg bei Fehring, Weissenbach und Kalvarienberg bei Feldbach, Kapfenstein bei Gleichenberg usw.). Olivin als kieselsäureärmstes Silikatmineral der Glutflußbergarten meidet die Gesellschaft des Quarzes.

In frischen Gesteinen neigt der Olivin wenig zur Zersetzung. Nur größere, rissige Körner erliegen leicht der Frostwirkung und fallen dann aus dem Gesteinverbande heraus. In unfrischem, Eisenkies führendem Gestein aber geht die Verwitterung des Olivins verhältnismäßig rasch vor sich. Verwendet: Als Schmuckstein (Chrysolith).

Verschiedene bautechnisch minder wichtige Kieselsäureverbindungen.

Melilith (griech. = Honigstein, wegen seiner meist honiggelben Farbe). Tetragonal. Tafeln, hauptsächlich aus der Endfläche und der verwendeten Säule bestehend (daher im Schnitte langgestreckte Rechtecke bildend, deren kurze Seiten der Lotachse entsprechen (Abb. 57), kurze Säulen, auch rundliche Körner. Gleichgestaltige (isomorphe) Mischungen von Gehlenit ($Ca_2Al_2Si_2O_7$) und Akermanit ($Ca_2MgSi_2O_7$). H = 5—6, D = 2.9—3.1. Spröde, weiß, gelblich, grau, braun, seltener grünlich.

Zirkon (griech. = Habicht; bei Plinius habichtfarbiger Edelstein). Tetragonal. Meist kurze, seltener längere Säulen (Abb. 58). Farblos, gelbrot (hyazinthrot), rot, grauweiß, gelbbraun, braun. Diamantartiger Glasglanz auf natürlichen Flächen. Bruch muschelig bis uneben; spröde. H = 7 bis 7½, D = (schwankend) 3.9—4.7 $ZrSiO_4$ (kieselsaure Zirkonerde), häufig mit Gehalt an seltenen Erden (Ce Th V usw.). Weit verbreitet in allerlei Gesteinen; in Erstarrungsgesteinen als Erstausscheidung oft mit nadelscharfen Kanten. Unangreifbar von Säuren, heiße Schwefelsäure ausgenommen. Schmuckstein (Hyazinth), Herstellung von Zirkonerde (ZrO_2; Schmelzpunkt 3000°, sehr geringe Wärmeleitfähigkeit und sehr geringe Wärmeausdehnung; Ofenfutter für Hochwärmeöfen; elektrische Heizkörper).

Wollastonit (nach dem Physiker und Chemiker Wollaston), Tafelspat. Monoklin. Breitstengelige, nach der Querachse gestreckte oder blättrige Einlinge; diese meist mit vorherrschend ent-

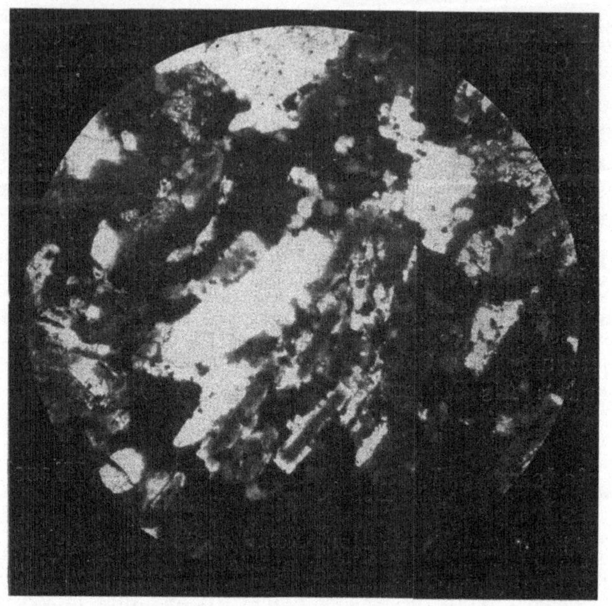

Abb. 57. Melilith im Melilithbasalt vom Hochbohl, Schwäbische Alb.

wickelter Querfläche (Abb. 59); die Schnitte sind daher meist leisten- oder tafelförmig. Strahlig-faserige Gehäufe ohne gute Endbegrenzung

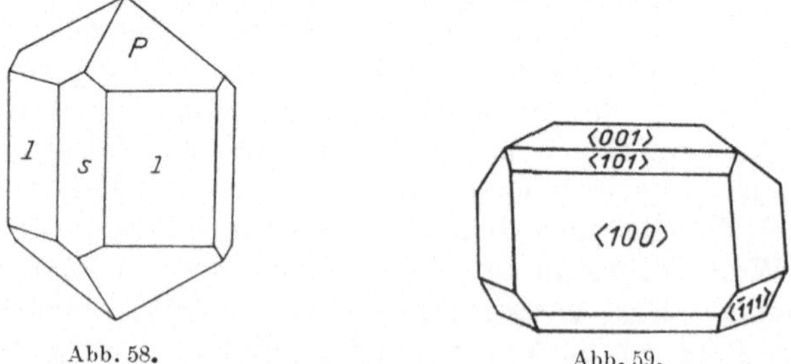

Abb. 58.   Abb. 59.

Abb. 58. Zirkonkristall. Spitzdach (P), Säule (1) und verwendete Säule (s).
Abb. 59. Wollastonitkristall. Grundfläche (001), Querfläche (100), Querdachfläche (101), Spitzdachfläche (111).

zeigen oft silberweißen Schein oder Perlmutterglanz auf Spaltflächen; sonst Glasglanz. Spaltbarkeit nach der End- und Querfläche vollkommen (Flächenwinkel 95.5⁰), etwas weniger gut nach den Querdächern (101) und (102). CaSiO₃; heiße Salzsäure zersetzt ihn unter Sulzbildung. H = 4½—5, D = 2.78—2.99. Farblos, weiß, oft etwas grau, grünlich oder bräunlich; durchsichtig bis durchscheinend.

Vesuvian (nach dem Vorkommen am Vesuv; Idokras; eidos, griech. = Gestalt, krasis, griech. = Mischung). Tetragonal. Kurzsäulige Einlinge, körnige, dichte oder strahlige Gehäufe. Farbe sehr wechselnd (grün, grünbraun, gelbbraun, pistaziengrün, ölgrün, gelb usw.); Glasglanz. Bruch meist uneben, muschelig, mit Fettglanz. Spröde. H = 6½, D = 3.3—3.45, W = 0.1949 (Joly). Verwickelt zusammengesetztes Kalktonerdesilikat mit Mg, Fe, Mn, Ti, H, F, K, Na usw. Ziemlich widerstandsfähig gegen Säuren. V. d. L. unter Schäumen mäßig schwer schmelzbar und dann in Säuren lösbar; dadurch unterscheidet er sich von Zirkon und Zinnstein, welche beide überdies auch schwerer sind. Verwendung: Zu Schmucksteinen.

Turmalin.

Verwickelt gebautes, nach einer singhalesischen Bezeichnung (Turamali) benanntes Silikat von Tonerde, Magnesia,

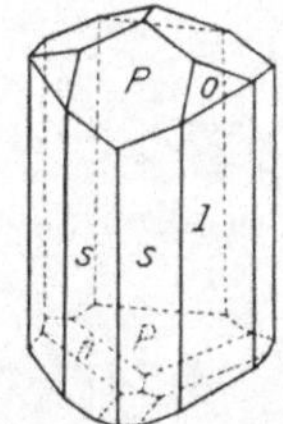

Abb. 60. Turmalinkristall; ungleichhälftige Ausbildung (Kopf und Fuß von verschiedenen Flächen begrenzt). Säule (l) und verwendete Säule (s).

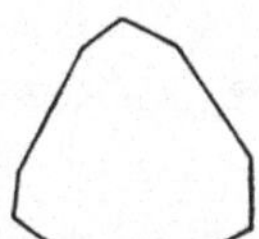

Abb. 61. Häufige Form eines Querschnittes durch einen Turmalinkristall.

Eisen, Kalk, Kali, Natron, Lithium, Bor, Fluor, Wasser usw. H = 7—7½. D = 3—3.34, W = 0.2044 (schwarz)—0.2111, (braun) nach Joly. Meist stengelige (Abb. 60) Kristalle von trigonaler Tracht (rhomboedrisch-hemimorph), welche dreiseitige, sechsseitige oder neunseitige Querschnitte (Abb. 61) liefern, wobei jedoch stets der Eindruck einer mehr dreiseitigen Fläche gewahrt bleibt (Unterschied von dem zuweilen ähnlichen Strahlstein); die Flächen des Säulengürtels sind oft lotrecht gerieft und mehr oder minder gesattelt, wodurch die Querschnitte dann sphärischen (gerundeten) Dreiecken nicht unähnlich werden.

Speichig-strahlige Aneinanderhäufungen heißen Turmalinsonnen (Abb. 62); seltener erscheinen feinfaserige, filzige Gehäufe.

Auch Körner kommen vor. Dicht als Turmalinfels. Selten farblos (A c h r o i t, griech. = ohne Farbe) bis blaßgelb, -rosa, -grün. M o h r e n k ö p f e sind lichte, an einem Ende schwarz gefärbte Turmalinsäulen. Magnesiareiche Turmaline sind meist satt karminrot (R u b e l l i t, durch Mn gefärbt, auch rosenrot oder pfirsichblütenrot), braun D r a v i t (Vorkommen im Drautale!), saftgrün oder tiefblau (I n d i g o l i t h), eisenreiche dagegen schwarz (S c h ö r l; skorl, schwed. = spröde); durchsichtige grüne, blaue oder hellbraune Kristalle heißen E d e l t u r m a l i n e. Glasglanz, sehr spröde, Bruch uneben,

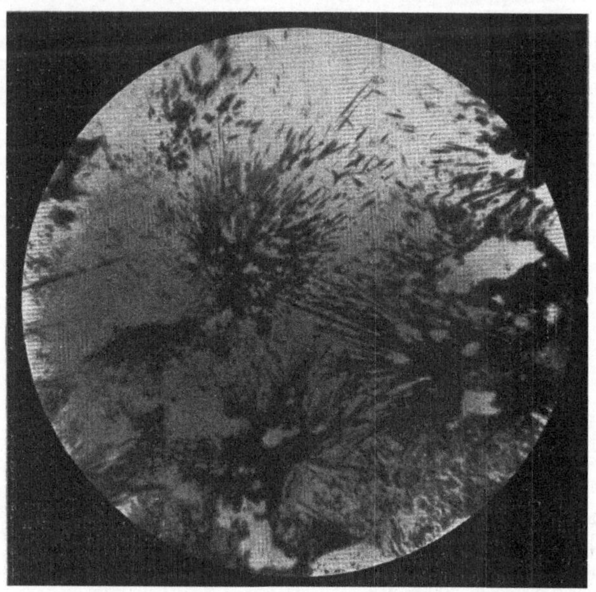

Abb. 62. Sog. „Turmalinsonnen“ im Schliffbilde des Granites von Luxullion, England.

halbmuschelig bis splittrig; Spaltbarkeit undeutlich. Turmalinkristalle werden beim Erwärmen polarelektrisch. Gegen Säuren sehr widerstandsfähig, auch gegen Flußsäure. Mit Flußspat und Kaliumbisulfat ($KHSO_4$) am Platindraht geschmolzen, geben die Turmaline die grüne Flammenfärbung der Borsäure. V. d. L. sind die Magnesiaturmaline unter Blähen leichter schmelzbar als die eisenreichen Turmaline. Ihre große Härte und Widerstandsfähigkeit gegen chemische Einwirkungen erhält sie in Böden und Seifen (Edelsteinseifen). Technisch als Gesteingemengteil günstig.

Turmalin findet sich häufig in Riesenkorngesteinen und in anderen, unter Mitwirkung von heißen Dämpfen und Lösungen erstarrten Gebirgsarten. Er wird zu Oscillatoren, zum

Teil wohl auch als Schmuckstein verarbeitet (früher zu „Turmalinzangen").

Titanit.

Monoklin, flachsäulig, von briefumschlagähnlichem Umriß (Abb. 63) spindelförmige bis nadelige Gestalten, Körner. H = 5—6, D = 3.4—3.6. Gelb, grünlichgelb, grün (Sphen; griech. = Keil), rötlich, rotbraun bis dunkelbraunschwarz, zuweilen klar durchsichtig und diamantglänzend. Die weißen, aus Titaneisen entstandenen Körner- oder Kriställchengehäufe werden auch Titanomorphit oder Leukoxen (leukos, griech. = weiß, xenos, griech. = Fremdling) genannt. Bruch muschelig; deutliche Säulenspaltbarkeit, Strich weiß, CaTiSiO_5 (Kalktitanosilikat). V. d. L. an den Kanten zu dunklem Glase schmelzend; zeigt in der Phosphorsalzperle schwache Titanfärbung. Von Salzsäure nicht, von unverdünnter Schwefelsäure dagegen leicht zersetzbar. Unwesentlicher Gemengteil vieler hornblendehaltiger Erstarrungsgesteine sowie kristalliner Schiefer. Bautechnisch nicht ungünstig, wie übrigens auch alle übrigen, minder wichtigen Mineralien dieses Abschnittes.

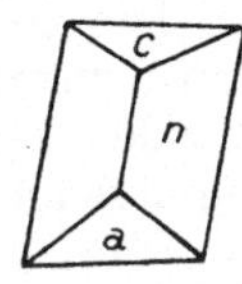

Abb. 63. Titanit. Endfläche (c), Säulenfläche (n) und Querdach erzeugen „Briefumschlagform".

Die Mineralien der Absatzgesteine.

Die Mineralien vieler Absatzgesteine setzen sich aus Körnern zusammen, welche aus der Zertrümmerung schon vorhandener Gesteine, einschließlich der Absatzgesteine selbst entstanden sind; wir begegnen in den Absätzen daher vielen der in den vorhergehenden Abschnitten genannten Mineralien. Zahlreiche Absätze aber entstehen aus Mineralien, welche geologische Vorgänge auf der Erdoberfläche oder nahe derselben, z. B. in Klüften, Höhlen usw. neu erzeugt haben und auch in der Gegenwart immer noch hervorbringen. Insbesonders sind es Ausfällungen aus Lösungen, welche im Schosse der Erde kreisen oder, noch häufiger, auf der Erdoberfläche mit den Gewässern wandern und sich dann in den Becken von Seen und von Meeren sammeln. Den gesteinzerstörenden Vorgängen der Verwitterung stehen diese Neubildungen als Gegenpole gegenüber.

Schwefelverbindungen.

Melnikowit (nach dem Russen Melnikow) ist verborgen-kristalliner Schwefelkies, aus einem Gel ($FeS_2 . n\ H_2O$) entstanden. Bildet Zusammenwachsungen in Tonen, Mergeln, Kalken, in Braunkohle usw.; auch auf Erzgängen.

Sauerstoffsalze und Hydroxyde.

Brauneisenerz (Limonit; leimon, griech. = Wiese). Gestaltlos (verborgenkristallin), aus Gelen hervorgegangen, mit der Zeit entglasend und zu Nadeleisenerz und zu Rubinglimmer kristallisierend, z. T. auch in Roteisenstein übergehend. Nach dem Grade der Entglasung einerseits, nach der Feinheit der Verteilung und dem auskristallisierenden Mineral andererseits ergeben sich verschiedene Färbungen von rot bis braun und gelb. Manganbeimengung erzeugt schwarze Farbtöne. Die wichtigsten Abarten der als Brauneisen zusammengefaßten Vorkommen sind nachstehende.

Brauner Glaskopf (traubig-nierig, tropfsteinähnlich mit feinfaserigem, zuweilen gleichzeitig auch schaligem Bau). Eiartig (oolithisch) als brauner **Eisenroggenstein** (Eisenoolith). **Bohnerze** sind lose, geschiebe-, bohnen- oder erbsenähnliche Zusammenwachsungen von schaligem Bau, welche man in Taschen und Höhlen der ausgelaugten Kalke eingeschwemmt oder alten Landoberflächen (Villacher Alpe, Zürner, Eisenerzer Reichenstein usw.) aufgelagert findet. Locker gewordene Reste des überrindeten Gesteinsbruchstückes in Bohnerzen geben die **Klappersteine**. Dichte, erdige, meist mit Ton verunreinigte Massen heißen **gelber,** bzw. **brauner Ocker** oder **Eisenmulm,** wenn sie locker, **gelber Toneisenstein,** wenn sie mehr oder minder verfestigt und tonhältig sind. Vereinzelte Zusammenwachsungen in Absätzen heißen **Eisennieren. Wiesen-, Sumpf-, Morast-, See-,** (Limonit!) **Quell-** oder **Rasenerze** besitzen erdigen Bruch; das gleichfalls gestaltlose **Eisenpecherz** (Stilpnosiderit; stilpnos, griech. = glänzend) bricht muschelig (Fettglanz). H = 5—5½, D = 3.5—4.0, wechselnd mit dem Wassergehalte und mit den Verunreinigungen (P, Ti, Cr, As, V, Cu, Mn, Si).

Wasserhaltiges Eisenhydroxyd (Eisenrost) mit höchstens 60% Fe und wechselndem Wassergehalte (je nach dem Entglasungsgrade; $Fe_2O_3 . ½ H_2O$ bis etwa $Fe_2O_3 . 3 H_2O$). Schwarzbraun, braun, rotbraun, rot, veil bis ockerfarben; Tiefe der Rot- und Braunfärbung mit steigendem Wassergehalte abnehmend. Strich bräunlichgelb. In Salzsäure schwer löslich. V. d. L. oder im Kölbchen erhitzt, gibt es Wasser ab und wird rot (Übergang in Hydrohämatit und Roteisen; aus der salz- oder salpetersauren Lösung fällt Ammoniak einen flockigen, braunen Niederschlag von Eisenhydroxyd.

Geht aus der Verwitterung anderer Eisenerze hervor und zählt daher zu den verbreitetsten Mineralien; außerdem wird es aus eisenhaltigen Lösungen, meist aus $Fe(HCO_3)_2$ ausgefällt. In langsam fließenden Wässern sieht man häufig bunt schillernde Häutchen auf der Wasseroberfläche schwimmen, als hätte jemand Erdöl auf sie gegossen; es sind dies die ersten Anzeichen beginnender Brauneisenausscheidung, an der sich unter anderen auch Algen und Pilze (Leptothrix ochracea, die „Ockerbakterie“, Spirophyllum ferrugineum, Monothrix fusca, Gallionella ferruginea, Chlamydothrix ferruginea, Siderocapsa, Crenothrix polyspora, der „Brunnenfaden“) beteiligen. Reichlichere Mengen ausgeschiedenen Brauneisens setzen sich am Boden der Gewässer ab und können enge Sickerrohre. Drains, Wasserleitungsrohre usw. allmählich verstopfen. In Sanden und Schottern kennzeichnen durch Brauneisen gefärbte Streifen die zeitweiligen Grundwasserstände. Solche Brauneisenausfällungen in mehr oder minder mächtiger Anhäufung, meist nicht oberirdisch, sondern im Grundwasser gebildet, stets durch Phosphor, Humusstoffe, Sand, Ton und Mergel verunreinigt, stellen auch die oben erwähnten Sumpferze dar. Örtlich können solche Brauneisenausscheidungen, wenn sie seicht liegen, sonst lockere Böden so verkitten, daß sie als sogenannter Raseneisenstein das Eindringen der Pflanzenwurzeln hindern und den Pflanzenwuchs schädigen.

Das Brauneisen tritt als der verbreitetste rote, rotbraune, braune oder ockergelbe Farbstoff in vielen Gesteinen auf; so z. B. im sogenannten Eisendolomit des Semmering- und Tauernmesozoikums, in den Werfener Schiefern, im Buntsandstein und in vielen Tonen, Lehmen, Erden (Roterde, Gelberde, Braunerde, Bauxit) usw. Es verleiht auch den Verwitterungsrinden zahlloser Gesteine die bald als warmer, bald als häßlicher Farbton empfundene bräunliche Färbung. Wird auch als Farbstoff verwendet (Ocker, Umbra, Terra di Siena, Zyprische Umbra).

Wo es in abbauwürdiger Menge vorkommt, bildet es ein wertvolles Eisenerz. Hierher gehört auch „die Minette", ein roggensteinartiger, kieselsäurehältiger Brauneisenstein. (Umgebung von Metz, Diedenhofen, Longwy, Briey). Durch Röstung verschiedener eisenhältiger Mineralien nahe dem Ausgehenden einer Erzlagerstätte entsteht der „eiserne Hut" der Bergleute.

Unterscheidung des Brauneisensteins:

Magneteisen: Magnetisch, Strich schwarz, in HCl leicht löslich, Farbe: stets dunkel. Im Kölbchen kein Wasser abgebend.

Eisenglanz: Farbe dunkel oder kirschrot, unmagnetisch, Strich kirschrot, in HCl schwer löslich, gibt kein Wasser ab.

Brauneisen: Farbe selten dunkel, meist braun bis braungelb, unmagnetisch, in HCl langsam löslich; Strich: gelbbraun, gibt im Kölbchen Wasser ab, ist merklich leichter als Eisenglanz oder Magneteisen.

Nadeleisenerz (Goethit). Rhombisch. Nadelförmig (Name!) nach der Lotachse (c), haarförmige Gehäufe mit seidigem Glanz (Samtblende); auch kugelige, traubige oder nierenförmige Zusammenwachsungen. α Fe 0.0 H. Braun bis braunschwarz. Strich rot- bis gelbbraun. H = 5, D = 3.8—4.4. In Säuren löslich. Begleitet das Brauneisen im Bohnerz, in der Minette, im braunen Glaskopf usw. Nicht scharf gegen Brauneisen abzugrenzen.

Rubinglimmer (Lepidokrokit) γ FeOOH (hieß ursprünglich Goethit). Rotbraun bis schwarz. In dünnen Schuppen (griechischer Name!) rubin- bis gelbrot durchsichtig. Rhombisch. H = 5, D = 4.0—4.1.

Hydrargillit (hydor, griech. = Wasser; árgilos, griech. = weiße Tonerde; lat. argilla). H = 2½—3½ (zäh), D = 2.3—2.4. Monoklin (pseudohexagonal). Sechsseitige Blättchen und Tafeln, meist strahlige, büschelige, schuppige oder warzige bis tropfsteinartige Aneinanderhäufungen bildend, auch dicht. Spaltbarkeit glimmerähnlich vollkommen nach der Endfläche. Glasglanz, auf Spaltflächen Perlmutterglanz. Weiß, grau, gelblich, rötlich, grünlich, je nach den Verunreinigungen. Tonerdehydroxyd = γ Al(OH)$_3$. Gibt im Kölbchen schon zwischen 150⁰ und 300⁰ Wasser ab und wird trübe. V. d. L. unschmelzbar. Mit Kobaltlösung Blaufärbung. In hochgradiger Schwefelsäure, in heißer Salzsäure und in heißer Kalilauge langsam löslich. Hauptbestandteil des Laterites und Beauxites (siehe Technische Gesteinkunde); in Serpentin, Talkschiefern usw.

Diaspor (diaspeiro, griech. = ich zerstreue; Verhalten v. d. L.!). H = 6 (und mehr), D = 3.3—3.5. Rhombisch. Ausbildung ähnlich wie Hydrargillit, Farbe ebenso; durchsichtig bis durchscheinend. α AlO(OH) häufig mit Gehalt an Fe$_2$O$_3$; sehr spröde; Säurefest; nur Flußsäure löst ihn; unlöslich in Kalilauge; v. d. L. zerstäubend, aber unschmelzbar; Wasser entweicht erst beim Glühen. Blaufärbung mit Kobaltlösung. Im Bauxit. Altersform des Hydrargillites. B o e h m i t ist γ AlOOH.

Mineralien der Salzlagerstätten

(mit Ausschluß der Schwefelsäuresalze).

Die Mineralien der Salzlagerstätten besitzen mehr oder minder hohe wirtschaftliche Bedeutung. Für den Bauingenieur und den Hochbauer aber treten sie gegenüber anderen Absätzen wie Kalk, Dolomit, Gips usw. stark in den Hintergrund. Leicht löslich, begünstigen sie die Entstehung von Hohlräumen in der Erdrinde (Pingenbildung); andererseits greifen ihre im Bergleibe kreisenden oder aus ihm austretenden Lösungen nicht selten Mörtelstoffe, Beton oder empfindliche, natürliche Bausteine an.

Steinsalz. H = 2, D = 2.2. Tesseral. Würfel (leicht spaltbar nach den Flächen), Körner, seltener fasrige Gehäufe (H a a r s a l z). Rein farblos; Kupfersalze färben es bisweilen grün, Ton grau, Bitumen bläulich bis bräunlich (Naphtha gelbbraun), Eisenoxyd rot, metallische Na-Kleinchen (z. B. durch Radiumstrahlen ausgeschieden) blau (?). NaCl. Stark wärmedurchlässig, leicht löslich im kalten und warmen Wasser (das K n i s t e r s a l z erzeugt hierbei das bekannte Geräusch infolge des Entweichens eingeschlossener Gasbläschen). Geschmack salzig.

Das Meerwasser enthält 2.5- 3.5% Kochsalz gelöst (Totes Meer 7%). Steinsalz-Lagerstätten: Perm (Staßfurt), Trias (Friedrichshall, Jagstfeld, Heilbronn, Sulz, Kitzingen, Burgbernheim und Wilhelmsglück, Berchtesgaden, Salzungen und Erfurt, Hallein, Hall in Tirol, Hallstatt, Ischl, Aussee), Tertiär (Wieliczka, Bochnia und Kalusz in Galizien, Parajd und Thorda in Siebenbürgen). Steinsalzbildung geht noch in der Gegenwart in Salzseen und abgetrennten Meeresbuchten vor sich.

Gewinnung: Am Meeresufe in sogenannten Salzgärten, in Bergwerken bergbaumäßig, weiters durch Verdampfung (Sudwerke) aus natürlichen Salzquellen (Solen).

Verwendung: Als Zutat zu Speisen, als Viehsalz, als Zuschlag bei der Verhüttung, zur Darstellung von Soda, Chlor, Salmiak, Salzsäure usw., ferner bei der Herstellung von Seifen und Gläsern.

Sylvin (nach dem Arzte S y l v i u s de la Böe; KCl), K a i n i t (Kainos, griech. = neu; $KCl.MgSO_4.3H_2O$), C a r n a l l i t (Carnall, 1804—1874, Berghauptmann; $KCl.MgCl_2.6H_2O$), K i e s e r i t ($MgSO_4.H_2O$, monoklin), P o l y h a l i t (polys, griech. = viel, weil mehrere Salze enthaltend; $2CaSO_4.MgSO_4.K_2SO_4.2H_2O$, triklin) bilden die wichtigsten sogenannten Edelsalze (Abraumsalze), welche bei der Herstellung von Kalisalpeter, Pottasche usw. sowie in der Düngemittelerzeugung eine wichtige Rolle spielen.

Hauptvorkommen: Staßfurt (permisch), Elsaß (tertiär), Kalusz in Galizien (tertiär), Suria und Cardona in Spanien (tertiär), europäischer Ural (Perm).

Kohlensaure Salze.

Gemeinsame Eigenschaften: geringe Härte und Dichte, meist schlichte Farben, Aufbrausen in Säuren (ohne oder bei Erwärmung), veranlaßt durch stürmisches Entweichen der Kohlensäure. Die kohlensauren Salze bilden eine rhombische, von Aragonit geführte und eine hexagonale Reihe (Kalkspat, Talkspat, Eisenspat).

Frisch ausgefälltes kohlensaures Kalzium bildet oft ein Gel (gestaltloser, amorpher Kalk), welches sich bald in Kalkspat oder in feinkristallinen, meist sphärolithischen V a t e r i t (Vater, Prof. in Tharandt) umwandelt (D = 2.6). Aus diesem kann Aragonit hervorgehen, welcher sich wiederum früher oder später in Kalkspat umwandelt.

Aragonit (Aragonien, Landschaft in Spanien). H = 3½ bis 4, D = 2.9—3. Rhombisch. Kristalle meist nadelig, stengelig, spießig, säulig (Zwillingbildung häufig; Abb. 64); sinterartige Krusten und Überzüge (S p r u d e l s t e i n), staudenförmige bis korallenähnliche Aneinanderhäufungen (E i s e n-

b l ü t e; Folgebildung bei der Verwitterung des Eisenspates);
dicht in den Schalen (Perlmutterschicht) und „Perlen" vieler
Muscheln und Schnecken (Turritella, Camellaria, Niso, Dentalium, Pinna usw.), lockere Gehäufe im Schaumkalk; kugelige Körperchen mit speichig-schaligem Bau (E r b s e n -
s t e i n). Größere Massen von faserig strahligem Aragonit
werden als O n y x m a r m o r e (nicht mit dem echten „Onyx"
(onyx, griech. = streifiger Edelstein) zu verwechseln; S. 18)
im Kunstgewerbe geschätzt. Selten körnig oder derb. $CaCO_3$.
Mit Säuren aufbrausend, durchsichtig oder gefärbt (meist gelblich bis grünlich, seltener blaßveil); Fett- bis Wachsglanz; Bruch nach den
nicht deutlichen Spaltflächen eben, sonst spröde
muschelig.

Soweit der Aragonit nicht durch die Lebenstätigkeit belebter Wesen entstanden ist, bildet
er sich aus Lösungen meist in der Wärme (z. B.
aus Quellen mit mehr als 29⁰ C Wärme), während unter 29⁰ vorwiegend Kalkspat ausfällt; sind
bereits Kalkspatkeime vorhanden, dann scheidet
sich auch noch oberhalb 29⁰ C Kalkspat
ab.

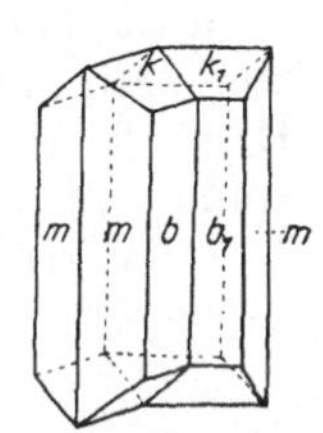

Abb. 64. Aragonit-Zwilling.
Säule (m),
Längsflächen(b,
b′) und Längsdach (k, k′).

Die Aragonitbildung findet bei Anwesenheit von Magnesiumsulfat und Magnesiumchlorit als Lösungsgenossen, durch alkalisches
Verhalten der Lösung, bei Gegenwart von Ba, Sr-Salzen oder Gips
auch unterhalb 29⁰ C statt; er entsteht auch aus der Lösung von
$CaCO_3$ bei sehr schnellem Auskristallisieren. In reich bevölkerten
Meeren bildet sich aus dem Eiweiß abgestorbener Lebewesen Natriumkarbonat, aus den Stoffwechsel- und Fäulnisprodukten Ammoniumkarbonat; diese liefern in Wechselwirkung mit dem im Meerwasser
enthaltenen Gips Aragonitkügelchen (Sphärolithe), die meist winzige
Sandkörnchen, Bruchstücke von Muscheln, Korallen, Foraminiferen,
Urtierchen, Gasbläschen usw. umschließen; die Brandungswellen
schwemmen diese Gebilde an den Strand, wo sie nicht selten zu Dünen
aufgeweht werden (Roggensteinbildung).

Der Aragonit ist unbeständig und strebt darnach, sich,
wenn auch langsam, in Kalkspat umzuwandeln; daher tritt
Aragonit so selten eigentlich gesteinbildend auf. Die Umbildung zu Kalkspat wird durch Erhitzen beschleunigt; oberhalb 400⁰ ist Aragonit nicht mehr bestandfähig.

Vom hexagonal-rhomboedrisch kristallisierenden Kalkspat unterscheiden ihn u. a. die weit undeutlichere Spaltbarkeit, die fast immer
langsäulige Ausbildungsweise, die Kristallform und das Verhalten
v. d. L.; mit Salzsäure befeuchtet, leuchtet er zwar gelbrot auf, zer-

fällt aber rasch, während Kalkspat stark leuchtend (Drumont'sches Kalklicht) die Form behält.. Beim Kochen mit verdünnter Kobaltnitratlösung färbt er sich schnell lila (Kalkspat bleibt längere Zeit weiß bis er blau wird); mit Eisenvitriol liefert er einen grünschwarzen Niederschlag (Kalkspat fällt nur braune Flocken von Eisenhydroxyd aus). Feigl-Leitmeier verwenden zur raschen und sicheren Unterscheidung eine Mangan-Silberlösung; Aragonit färbt sich im Handstück und im Dünnschliff rasch grau (auch in der Kälte), während es bei Kalkspat sehr lange dauert, bis die Schwärzung eintritt (siehe S. 108). Aragonit löst sich auch weniger rasch in Säuren als Kalkspat. Reines Wasser löst ihn etwas leichter als den Kalkspat.

Kalkspat (Kalk, Kalkstein, Calzit). Eines der verbreitetsten **Mineralien** von größter gesteinsbildender Bedeutung. H = 3, D = 2.72; linige Wärmeausdehnung $//c$ $26.2.10^{-6}$, $\perp$ c — $5.4.10^{-6}$ je 1^0 C. Wärmeleitfähigkeit $\|$ Achse = 0.01,

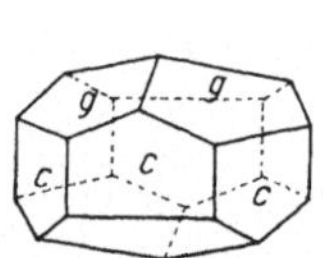

Abb. 65. Kalkspat. Säulenflächen (c) und verwendetes, stumpfes Rhomboeder.

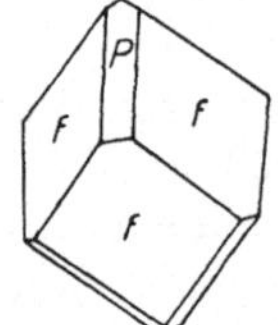

Abb. 66. Kalkspatkristall. Rhomboeder (P) und Gegenrhomboeder (f). Nach Hochstetter-Bisching-Toula.

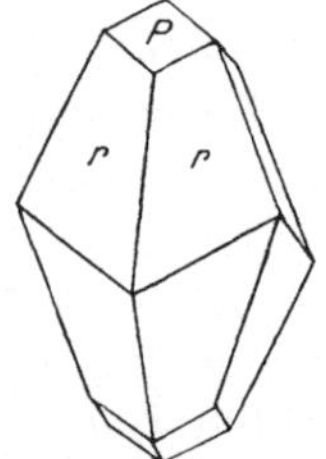

Abb. 67. Kalkspatkristall. Rhomboeder (P) und Skalenoeder (r). Nach Hochstetter-Bisching-Toula.

$\perp$ Achse 0.0084, W = 0.2077. Kristalle von großem Formenreichtum: flache Rhomboeder (— ½ R, vgl. Abb. 65; papierdünne, blättrige Kristalle der sogen. Titansippe), das normale Rhomboeder (P; Abb. 66; bildet sich nur aus reinen Lösungen), seltener spitzrhomboedrische Formen (— 2 R, — 8 R), Skalenoeder (Abb. 67), auch Säulen; Zwillinge (meist nach — ½ R, Streifung der Spaltflächen nach der längeren Diagonale in Folge wiederholter Zwillingsbildung mit dem „ersten stumpferen" Rhomboeder (O $1\bar{1}2$) als Zwillingsebene); solche „Schiebungs"-Zwillinge erzeugt z. B. Gebirgsdruck; man beobachtet sie daher sehr häufig in Marmoren (Abb. 68). Körner und Körnergehäufe. Stengelige Anhäufungen („Faserkalke") erfüllen dünne Plättchen innerhalb anderer Kalksteinbänke; ihre äußerst feinen gleichgerichteten Fasern stehen mit nach außen gerichteten Spitzchen senkrecht zur

Längserstreckung der Platten und zeigen oft einen lebhaften, seiden- oder atlasartigen Glanz (Atlasspat); vom Fasergips unterscheidet ihn schon die größere Härte. Die roggensteinartigen Ausbildungsarten sind wohl durch Umwandlung aus Aragonitroggenstein (S. 72) entstanden. Sehr häufig dicht. Erdig, locker als Kreide. Traubig-nierig in den Tropfsteinen. Durchsichtig, wasserhell z. B. als Doppelspat (füllt bei Hel-

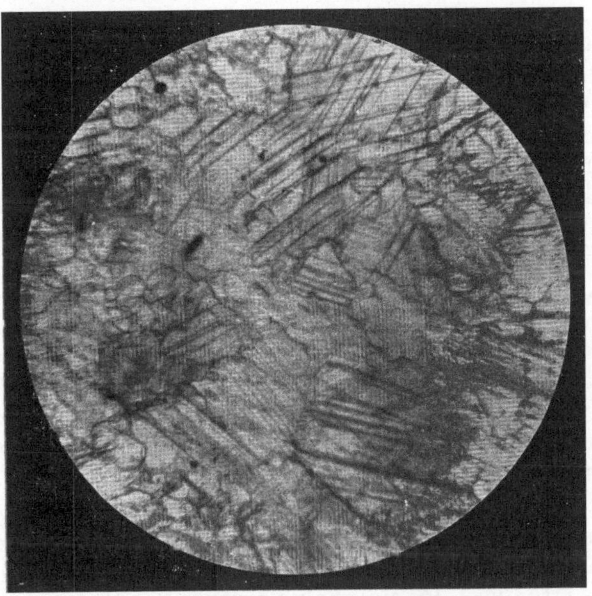

Abb. 68. Kalkspatkörner mit lappig ineinandergreifenden Rändern im Dünnschliffbilde; Zwillingstreifung nach $-\dfrac{R}{2}$

gustadir am Eskifjord und am Reydarfjord, Island, in rotbraunem Zersetzungslehm gebettet, gangartige, vielfach verzweigte Hohlräume im doleritischen Basalte aus). Meist durch Verunreinigungen gefärbt. Stinkkalke riechen beim Anschlagen unangenehm (H_2S, Bitumen usw.). Die körnigen Abarten werden Marmore genannt; die Techniker bezeichnen jedoch auch dichte Spielarten so, wenn sie sich glätten lassen. Gestaltlos scheidet der Kalk als Gel aus, geht aber bald in die kristalline Form über; so zeigt z. B. das zarte, weiße Bergmehl (Bergmilch) vieler Höhlen- und Quellabsätze u. d. M.

einzelne Rhomboeder und Stäbchen (nach der Polkante verzerrte Rhomboeder). Auch die Knochen der Wirbeltiere und Schalen mancher Muscheln (Pecten, Anomia, Spondylus, Ostrea) bestehen vorwiegend aus Kalkspat; solche Gehäuse trotzen der Auflösung durch Sickerwasser länger als jene, welche aus Aragonit aufgebaut sind (vgl. S. 73).

Vollkommen spaltbar nach den Rhomboederflächen (Kantenwinkel 105° 5′), daher selten muscheliger bis unebener Bruch. Aus sehr grobkörnigen Vorkommen lassen sich mit dem Hammer leicht Spaltungsrhomboeder schlagen. Kurze, zuckende Schläge mit einer Stahlspitze lassen auf einer Spaltfläche außer zwei Rissen unter einem Winkel von 105° 5′ noch große Sprünge in der Richtung der längeren Diagonale (— ½ R) erkennen. Auf den Spaltflächen oft Perlmutterglanz, sonst Glasglanz.

$CaCO_3$. Mit Salzsäure befeuchtet färbt er die Flamme gelbrot, v. d. L. leuchtet er stark, ohne, etwa wie Aragonit (S. 73) zu zerfallen. Seine Zersetzung beginnt bereits bei etwa 900° C. indem er CO_2 abgibt; Brandschäden an Gebäudeteilen treten also erst bei höheren Wärmegraden ein als bei Quarz und quarzreichen Gesteinen. Alle, selbst stark verdünnte oder an sich schwache Säuren (z. B. Essigsäure) lösen ihn bereits in der Kälte und in Stücken unter Bildung von Kohlendioxyd (aufbrausend).

Schwefelsäure, wie sie sich bei der Verwitterung des Eisenkieses oder bei der Verbrennung pyrithältiger Kohlen (Großstadtluft) bildet, zersetzt den Kalkspat unter Bildung von Gips. Humusstoffe und Salpetersäure im Boden, aus der Umsetzung von tierischen und pflanzlichen Stoffen hervorgehend, veranlassen Neubildungen von humussaurem oder löslichem, salpetersaurem Kalzium. Die Chloride und Sulfate von Magnesium, Natrium, Ammonium usw., wie sie z. B. das Meerwasser gelöst enthält, zerstören ihn unter Bildung löslicher Chloride und Sulfate des Kalziums. Dies ist bei der Wahl von Steinen für Hafenbauten usw. in Salzwasser und bei Stollenbauten im Salzgebirge zu beachten. Reines Wasser greift Kalkspat nur sehr wenig an (etwa 13 mg je 1 l Wasser bei 18° C), kohlensäurehältiges dagegen stärker, und zwar lösen etwa 1000 Teile mit Kohlensäure gesättigtes Wasser ein Gewichtsteil Kalkspat auf; es spielen dabei jedoch Nebenumstände, insbesonders der Wärmegrad des Lösungsmittels eine große Rolle. Regenwasser ist im allgemeinen zu arm an Kohlensäure, um einen merklichen zerstörenden Einfluß auf Kalkspat auszuüben; wo aber Wasser, bzw. Wasserdampf längere Zeit mit kohlensäuregeschwängerter Luft in Berührung bleibt, wie z. B. in feuchten schattigen Höfen, Parkanlagen usw., greift es Bildwerke und Zierate aus Kalkstein im Laufe der Zeit merklich an.

Die Löslichkeit des Kalkes in kohlensäurehältigem Wasser spielt im Haushalte der Natur eine wichtige Rolle. Einerseits entstehen durch die Auslaugung des Kalkes Höhlen, unterirdische Flußläufe, Roterdebildungen (als Ansammlung von Lösungsrückständen) usw., andererseits aber scheidet sich das als Doppelkarbonat [$CaCO_3 + H_2O + CO_2 = Ca(HCO_3)_2$] in Lösung gegangene Kalzium anderwärts wieder ab, wenn die Kohlensäure durch Belüftung, Erwärmung des Wassers an der Außenluft (Quellen) oder durch ihren Verbrauch beim Lebensvorgange von Pflanzen entweicht (Bildung von Tropfstein, Kalksinter oder Travertin).

Wässer, welche Kalksinter bilden, können zwar unter Umständen ein gutes Trinkwasser abgeben, taugen aber für technische Zwecke nicht. Sie verbrauchen beim Waschen zu viel Seife, da der Kalk mit den Fettsäuren der Seifen unlösliche, weiße Flocken bildet; erst wenn die Fettsäuren sämtlichen Kalk gebunden haben, gibt das kalkhaltige Wasser mit Seife Schaum. Solches Wasser nennt man im Gegensatze zum weichen, kalkfreien bis kalkarmen Wasser hart. Als deutsche Härtegrade (D.H.) bezeichnet man die Einheiten von CaO in 100.000 Teilen Wasser; gewöhnlich setzt man 8 D.H. als obere Grenze der weichen Wässer fest. Aus harten Wässern setzt sich häufig Kalksinter an den Wandungen der Leitungrohre ab und verengt ihren Querschnitt. Beim Kochen fällt $CaCO_3$ durch Entweichen von CO_2 aus dem gelösten Doppelkarbonate $Ca(HCO_3)_2$ aus; die Härte, welche diesem Gehalte an Ca-Doppelkarbonate entspricht, bezeichnet man daher als vorübergehende Härte. Jene Härte aber, welche dem noch weiter in Lösung verbleibenden Gips entspricht, heißt bleibende und bildet mit der vorübergehenden zusammen die Gesamthärte. In Dampfkesseln und allen anderen Vorrichtungen zum Erhitzen des Wassers setzt sich kohlensaurer Kalk an den Wänden als „Kesselstein" ab. So auch unter anderem in Warmwasserheizungsröhren, welche dadurch schlecht wärmeleitend werden und übermäßig viel Heizmaterial beanspruchen.

Durch Erhitzen bis auf Rot- bzw. Weißglut wird die Kohlensäure aus dem Kalkstein entfernt; der so gebrannte Kalk bildet eine gestaltlose, weiße Masse (CaO), welche durch Übergießen mit Wasser „gelöscht", d. h. in Kalziumhydroxyd $Ca(OH)_2$ verwandelt wird. Dieses läßt sich in Wasser zerteilen (Kalkmilch) und teilweise auch klar auflösen (Kalkwasser). Gelöschter Kalk, mit Wasser und Sand zu einem dicken Brei, dem Mörtel, angerührt, dient zum Verbinden der Bausteine. Der Mörtel zieht aus der Luft Kohlensäure an und wird im Laufe der Zeit immer härter, indem sich das Hydroxyd in das Karbonat umwandelt. Der Zusatz von Sand hat unter anderem den Zweck, den Mörtel porös zu machen, und der kohlensäurehältigen Luft den Zutritt in das Innere der Mörtelmasse zu erleichtern. Fetter Kalk wird aus Kalkstein erbrannt, welcher sehr rein ist; durch Magnesia, Sand oder dergleichen verunreinigte Rohstoffe liefern mageren Kalk. Außer zu dem erwähnten, sogenannten Luftmörtel, wird der Kalk auch zur Erzeugung von Portlandzement, von verschiedenen Chemikalien, im Eisenhüttengewerbe, bei der Zuckererzeugung usw. verwendet.

Der Landwirt macht sich die Eigenschaften des Kalkes, ein wichtiger Pflanzennährstoff zu sein und bodenlockernd (krümmelnd) zu wirken, zunutze, indem er den Kalkstein als Düngemittel auf kalkarme und schwere Böden führt. Diesem Zwecke kann jeder Kalkstein mit gutem Erfolge dienen, wenn er nur keine zu großen Mengen schwefelsaurer, den Pflanzenwuchs schädigender Metallsalze enthält und keine hydraulischen, Krustenbildungen erzeugenden Eigenschaften besitzt. Als Düngekalke kommen insbesonders die sogenannten Wiesenkalke in Betracht, welche sich leicht vermahlen lassen, infolge ihres feinen Gefüges hohe Assimilationsfähigkeit besitzen und zuweilen reich sind an organischen Beimengungen, an phosphorsauren und an Stickstoffverbindungen.

Unterscheidung: Von Aragonit: siehe diesen. Von Schwerspat (D = 4.5—4.7) durch die bedeutend geringere Dichte. Vom Dolomit dadurch, daß Kalkspat schon bei Anwendung von verdünnten Säuren ($^1/_4$—$^1/_5$ Salzsäure), in der Kälte und in ungepulvertem Zustande lebhaft und anhaltend aufbraust, während Dolomit Kohlendioxyd erst dann entbindet, wenn man die verdünnte Säure auf das beim Ritzen oder Schaben entstehende Mineralmehl einwirken läßt oder erwärmte bzw. hochgradige Säure anwendet (auch Magnesit und Eisenspat brausen mit verdünnter kalter Salzsäure nicht auf); ferner ist Dolomit härter (H = 3.5—4.5) als Kalkspat, welcher noch von einem Eisennagel geritzt wird, während dieser bei Dolomit wenig Eindruck hervorruft.

Kalkspat fällt in der Regel aus Lösungen aus, sei es, daß Lebensvorgänge seine Bildung einleiten, sei es, daß er rein anorganisch sich absetzt; weit seltener scheidet er sich aus SiO_2-armen Schmelzflüssen unter Druck ab oder aus den letzten Restlösungen und Dampfeinspritzungen.

Talkspat (Bitterspat z. T.; Magnesit), $H = 4—4\frac{1}{2}$, $D = 2.9$ bis 3.1. Kristalle (Grundrhomboeder, $—\frac{1}{2}R$), größere oder kleinere Körner und Körneranhäufungen. Zuweilen dicht, erdig oder auch knollig, nierig. Glasglanz, in reinem Zustande durchsichtig bis kantendurchscheinend, dicht schneeweiß, ver-

Abb. 69. Talkspat im Gestein aus dem Sunk bei Trieben (Obersteiermark). Flache Rhomboeder liegen pignolienähnlich in einem Tonschieferteige (Pinolit).

unreinigt gefärbt (meist gelblich infolge Eisengehaltes oder grau durch Tonbeimengungen). Beim Glühen wandelt er sich in P e r i k l a s um (MgO). Säuren üben auf ihn nur dann eine Wirkung aus, wenn man sie im unverdünnten oder erwärmten Zustande auf das Mineralpulver bringt. Spaltbarkeit nach dem Rhomboeder vollkommen; Polkantenwinkel 107° 20′. P i n o l i t e (Abb. 69) nennt man Talkspate, deren flache Rhomboeder pinolienähnlich in einer Tonschiefermasse eingebettet liegen. $MgCO_3$, meist mit etwas Fe, Mn, Ca. Mäßig eisenreiche Talkspate heißen B r e u n n e r i t (ockergelb bis braun gefärbt, $MgCO_3 . FeCO_3$).

Der dichte, scheinbar gestaltlose Talkspat findet sich meist enge verknüpft mit Serpentinstöcken (Kraubath in Obersteiermark, Frankenstein in Schlesien, Makedonien, Griechenland, Kleinasien), bei deren Entstehung er sich bildet (vgl. S. 62). Der grobkristallinische Talkspat dagegen kommt bald mit Mineralien der Salzlagerstätten und mit Aragonit (Muster Hall, Tirol), bald mit Dolomit, Quarz, Talk, Rumpfit und einer Reihe von Erzen (Muster Veitsch, Obersteiermark) oder als äußerer Gürtel von Serpentinstöcken (Muster Greiner, Zillertal) vor. In Abbau stehen vor allem die Vorkommnisse von Veitsch (Steiermark), Radenthein (Kärnten), Sunk (bei Trieben, Obersteiermark), Karpaten, (Umgebung von Kaschau, Jolsva, Ratko Szucha usw.) usw , weniger bekannt sind die Vorkommen am Semmering (Eichberg Gotschakogel usw.) und von Breitenau, Oberdorf a. d. Laming, St. Martin a. d. Enns, Zillertal, Wald (Paltental), Neuberg a. d. Mürz, Stangalpe, Dienten (Salzburg) u. a. m. Weitere Vorkommen kennt man von Reinosa (Spanien), aus dem Ural, aus Nordamerika, Brasilien usw.

Der Rohmagnesit dient zur Darstellung des Bittersalzes und der Kohlensäure. Meist wird jedoch der Magnesit gebrannt, und zwar entweder bei einer Hitze von 700 bis 800° (kaustischer Magnesit) oder bis zur Sinterung (1400 bis 2000°). Der k a u s t i s c h gebrannte Talkspat gibt ein vorzügliches Bindemittel ab, welches sich zur Herstellung fugenloser, feuerbeständiger und hygienisch einwandfreier, leicht reinzuhaltender Fußböden (Steinholz, Xylolith), zu Terrazzobelag, Kunststeinen, Magnesiazement usw. eignet. Fein verteilt (Magnesia usta, MgO) gibt er ein Glättemittel für das Stein- und Metallgewerbe. Der S i n t e r - oder totgebrannte Talkspat ist bei Eisenfreiheit einer der feuerfestesten Stoffe, die wir kennen. Das Chemische und das Glasgewerbe fordern tunlichste Eisenfreiheit des Magnesites. Dagegen ist dem Eisengewerbe ein Mindesteisengehalt von 5 bis 6% Fe_2O_3 erwünscht; damit decken sich die Bestrebungen der Magnesitwerke insoferne, als eisenhältiger Bitterspat bei niedrigeren Wärmegraden sintert (1400°) als eisenfreier (2000°).

Unterscheidung: Von Dolomit mittels einer alkalischen Lösung von Diphenylcarbazid (s. S. 109). Kobaltlösung färbt Bitterspat fleischrot.

Dolomit (D o l o m i e u, Alpenforscher). H = 3½—4½. D = 2.85—2.95. Grundrhomboeder mit dem Polkantenwinkel 106° 15′. Flächen oft sattelförmig gekrümmt. Körner und körnige Gehäufe („Dolomitmarmore"), seltener stengelige Ausbildungen; der Verband der Körner ist oft nicht sehr fest, wodurch der Dolomit ein zuckerkörniges Aussehen gewinnt, andererseits aber auch leicht zu sogenannter „Dolomitasche" oder zu „Dolomitsand" zerfällt; sehr häufig beobachtet man winzige Lücken, deren Wände oft zierliche, feinste Drusen zieren. Selten wasserhell, meist weiß, grau oder gelblich, seltener schwarz (Hall in Tirol). Spaltbarkeit nach dem Rhomboeder sehr vollkommen. $CaCO_3$, $MgCO_3$ mit rund 54% Kalk und 46% Magnesitstoff. Neben diesem „Musterdolomit" (Regeldolomit) erzeugt die Natur alle möglichen Zwischenmischglieder bis zum schwach dolomitischen Kalk herab. Die Zersetzung beginnt schon bei etwa 600° C, wobei MgO und $CaCO_3$ zurückbleiben, während CO_2 entweicht. Mit Salzsäure braust er erst dann auf, wenn man die Säure unverdünnt oder erwärmt anwendet oder mit dem gepulverten Dolomit zusammenbringt (Unterschied vom Kalkspat). Bituminöse und daher graue bis schwärzliche Dolomite nennt man S t i n k d o l o m i t e, eisenreiche und dabei Mn-haltige B r a u n - s p a t.

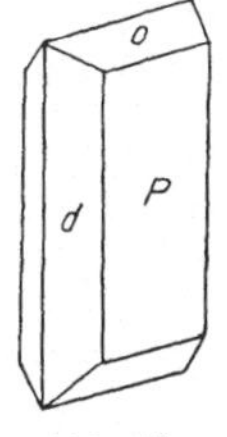

Abb. 70.
Schwerspatkristall.
Nach neuerer Auffassung um 90° zu drehen; dann ist P Endfläche (früher Längsfläche), d Querdach (früher Säule) und o Längsdach. Nach H o c h - s t e t t e r - B i s c h i n g - T o u l a.

Nach A. C o s s a lösen 10.000 Gewichtsteile kohlensäuregesättigten, überdampften Wassers 3.2 Teile Dolomit gegenüber 10—12 Teilen Kalkspat und 1.15 Teilen Talkspat. Mit diesen Versuchsergebnissen stimmt die Beobachtung gut überein, daß in der Natur Kalkspat leichter und rascher ausgelaugt wird wie Dolomit, so daß letzterer in Gesteinen sich nicht selten gegenüber ersterem anreichert. Dolomit ist spröde und daher meist mehr zerhackt als Kalkstein, so daß dieser dem Dolomit gegenüber nicht selten als „Wasserstauer" wirkt, an dessen Grenzschichten Quellen auftreten können; doch kehrt sich bei reinen und daher höhlenreichen Kalken das Verhältnis in der Regel um.

Verwendung als Düngemittel, als Futter von Bessemerbirnen, von Siemens - Martinöfen, Stahltiegeln u. dgl., zur Füllung von Sulfitlaugentürmen, für die Herstellung von Edelputz usw.

Abb. 71.
Schwerspat.
Nach neuerer Auffassung um 90° zu drehen; dann ist P Endfläche, M Säule, u Querdach und o Längsdach. Nach H o c h - s t e t t e r - B i s c h i n g - T o u l a.

E i s e n s p a t (Spateisenstein, Siderit; sideros, griech. = Eisen) $H = 2\frac{1}{2}$—$4\frac{1}{2}$, $D = 3.8$—4. Kristalle meist in Form des Grundrhomboeders (Polkantenwinkel 107°); Flächen zuweilen sattelförmig gekrümmt. Körnige, ab und zu auch dichte Aneinanderhäufungen, fasrige Gebilde von kugeliger oder tropfsteinähnlicher Form („weißer Glaskopf", S p h a e r o s i d e r i t; sphaira, griech. = Kugel). Vollkommen spaltbar nach den R-Flächen, spröde. In frischem Zustande meist gelblichweiß (W e i ß e r z) bis gelblich, angewittert braun bis schwarz werdend (S c h w a r z e r z) infolge Abgabe von Kohlensäure und Aufnahme von Sauerstoff und Wasser („Reifen" oder „Rösten" des Spateisensteins). Glanz perlmutterartig bis glasig. V. d. L. schwarz und magnetisch werdend. $FeCO_3$ mit 48.3% Fe;

häufig Mn (B l a u e r z), Mg, Ca als vertretende Bestandteile enthaltend. Nach dem Pulvern in nicht zu stark verdünnter oder warmer Salzsäure löslich. K o h l e n e i s e n s t e i n heißen Bänke, welche Steinkohlenflöze begleiten und Eisenspat in Form von kugeligen Zusammenwachsungen mit tonigem ·Zwischenmittel neben Kohlenschnüren enthalten.

Wichtiges Eisenerz. Vorkommen: Eisenerz (Steiermark), Friesach und Hüttenberg (Kärnten), Steierdorf (Banat), Varesch (Bosnien), Auerbach und Nitzelbuch, Arzberg, Kamsdorf (Thüringen), Stahlberg bei Schmalkalden a. d. Mommel, Bieber (Spessart), Schafberg und Hügel bei Osnabrück, Ural, Schweden usw.

In die Gruppe der kohlensauren Salze gehört noch der A n k e r i t ($CaFeC_2O_6$; Anker, Mineraloge und Geologe), auch Rohwand genannt und durch Eintritt von Mg statt Fe und Aufnahme von Mn oder $CaCO_3$ (in fester Lösung) Übergänge in Braunspat und in Dolomit erzeugend.

Schwefelsaure Salze.

Schwerspat (Baryt; barys, griech. = schwer). $H = 3—3\frac{1}{2}$, $D =$ 4.5—4.7. Rhombische Kristalle, vielfach tafelig (Abb. 70, 71) nach der Endfläche (001); körnige, fasrige, blättrige, schalige (schiefrige), säulige (Vorherrschen der Säulenflächen), stengelige oder dichte Aneinanderhäufungen; zuweilen erdig (Baryterde). Strich weiß. Vollkommene Spaltbarkeit nach der Endfläche mit Perlmutterglanz auf den Spaltflächen; nach den Säulenflächen minder gut spaltend (Glasglanz); Bruch muschelig, wenig spröde. Farblos bis hell gefärbt, selten dunkel (durch Bitumen schwarz gefärbt). Sehr schwer schmelzbar, zerknisternd und die Flamme gelbgrün färbend. $BaSo_4$ (schwefelsaures Barium). In Wasser sehr schwer löslich (1 Teil Schwerspat in 400.000 Teilen Wasser); in HCl unlöslich. Konzentrierte Schwefelsäure löst ihn erst nach den Pulvern in Wärme (aus solchen Lösungen schon durch Verdünnung der Lösung mit Wasser fällbar). K a l k b a r y t enthält Kalziumsulfat beigemengt. R a d i o b a r y t ist deutlich radiumwirksam.

Vorkommen: Zerstreut verteilt in manchen Tonen, Sanden (B o l o g n e s e r s p a t = Zusammenwachsungen vom Monte Paterno bei Bologna) und Kalken, auch in Form von Zusammenwachsungen; echtes Versteinerungmittel und Masse von Steinkernen; Begleiter von Erzlagerstätten, auch selbständig in Gängen und Lagern. Ausbeutbare Vorkommen: Westfalen, Schwarzwald (Wolfach), Odenwald, Thüringer Wald, Harz (Lauterberg), Hessen (Nentershausen), Rheinpfalz (Königsberg b. Wolfstein, Rathsweiler), Spessart (Partenstein, Lohr, Heigenbrücken), Österreich (Kitzbühel, Semmering), Belgien (Fleurs), England, Kanada, Vereinigte Staaten usw.

Verwendung: Zur Farbenerzeugung allein oder in Mischung mit anderen Weißfarben als Ersatz für das giftige Bleiweiß und das lösliche und leichter veränderliche Zinkweiß; künstlich gefälltes Schwerspatpulver dient als Blanc fix (Dauerweiß, Permanentweiß), als Grundlage für farbige organische Anstriche, zum Glätten und Beschweren von Kunstdruckpapier, zum Füllen von Kautschuk usw. Im chemischen Gewerbe zur Darstellung von Bariumverbindungen (selbstleuchtende Anstriche, Röntgenerzeugnisse usw.). Die Tiefbohrtechnik beschwert mit gemahlenem — auch unreinem — Schwerspat ihre Dickspülungen.

Anhydrit (Anhydros, griech. = wasserlos). $H = 3—3\frac{1}{2}$, $D = 2.9—3$. Rhombische Kristalle (selten), Spaltstücke; Spaltbarkeit vollkommen nach der Endfläche (Perlmutterglanz), minder gut nach der Quer- (fettiger Glasglanz) und nach der Längsfläche (Glasglanz); Körnergehäufe, stenglig, faserig, auch dicht. Bruch muschelig. Durchsichtig bis undurchsichtig, farblos oder weiß, grau, gelblich, bläulich, bläulichgrau, rötlich gefärbt. Wasserfreies, schwefelsaures Kalzium $CaSO_4$. V. d. L. zerknisternd und oberhalb 1400^0 C zu einem weißen, alkalisch reagierenden Email schmelzend; gibt im Kölbchen kein Wasser ab. In Salzsäure langsam, in Wasser schwer löslich. Aus der Lösung wird durch Bariumchlorid ($BaCl_2$) weißer Schwerspatniederschlag gefällt. Durch Wasseraufnahme geht er unter beträchtlicher Raumvermehrung in Gips über. Dieses Mineral bildet daher oft mehr oder minder mächtige Rinden um Anhydritstöcke. Die Umwandlung erfordert im allgemeinen ziemlich viel Zeit; bei feiner Verteilung oder Vorkommen in dünnen Schnüren geht sie jedoch rasch vor sich. Dies führt im Schichtverbande zu mannigfachen Faltungen (S c h l a n g e n g i p s) und darmähnlichen Fältelungen (G e k r ö s e s t e i n), zu Auftreibungen, Blähungen usw. Bauten, welche im Anhydritgebirge ausgeführt werden, leiden zuweilen unter dem Drucke der sich ausdehnenden Massen (Verdrückung von Stollen und Tunnelquerschnitten, wodurch schwierige und kostspielige Zimmerungen und Ausbauarbeiten notwendig werden); in den Alpen liegt solches druckgefährliches Gebirge — eine „Haselgebirge" genannte Wechselfolge von Salztonen, Gips und Anhydrit, Mergeln, Rauhwakken usw. — in den sogenannten Werfenerschichten (untere Trias = Buntsandstein). Mächtigere Anhydritkörper wandeln sich jedoch nur äußerst langsam um und bringen dann kaum Druck.

Anhydrit bildet sich aus reinen Lösungen bei höherer Wärme, Gips unter 60^0 C; Anwesenheit anderer Salze ermöglicht die Anhydritbildung schon bei niedrigeren Wärmegraden; auch Druck begünstigt sie, so daß in Tiefen von mehr als 100 m alles $CaSO_4$ als Anhydrit ausfällt. Er begleitet häufig die Salzlagerstätten und Gipsvorkommnisse. Verwendung zum Teil ähnlich wie Gips; als Düngemittel soll man ihn jedoch nur auf feuchte Böden streuen. Dort, wo sich weit und breit kein besseres Schottergut findet, kann man ihn auch zum Beschottern von Nebenwegen verwenden.

Gips (Ge, griech. = Erde; epsein = Brennen; das Brennen und Formen war schon den Alten bekannt). H = 1½—2, D = 2.31—2.33. Monokline Kristalle (Abb. 72), meist Zwillinge nach der Querfläche (Schwalbenschwanzzwillinge, Abb. 74; großblättrig nach der Längsfläche entwickelt, Abb. 73), zu-

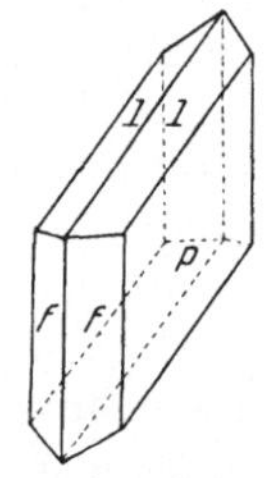

Abb. 72. Gipskristall. Halbspitzdach (l), Säule (f) und Längsfläche (p).

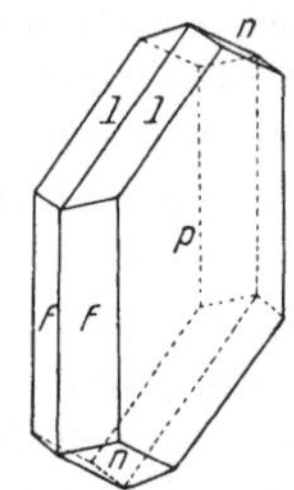

Abb. 73. Gipskristall. Außer den Flächen der Abb. 72 noch das Halbspitzdach n.

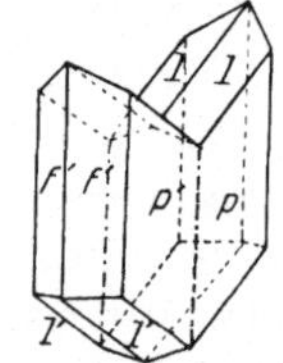

Abb. 74. Gips; „Schwalbenschwanz"-Zwilling. Nach Hochstetter-Bisching-Toula.

weilen linsenförmig; wenn durchsichtig, F r a u e n e i s oder Marienglas genannt; spätig-körnig bis blättrig als P e r l - gips; feinkörnige, zuweilen durchscheinende Gehäufe (A l a - b a s t e r, nach der Stadt Alabastra in Oberägypten), Kristallgruppen (G i p s r o s e n), auch dicht oder fasrig (F a s e r - g i p s, Seidengips) mit Seidenglanz und stengelig; erdig (G i p s e r d e, G i p s g u r); lose zusammengelagerte, feine Blättchen (S c h a u m g i p s). Glasglanz, auf der Längsfläche nach welcher eine sehr vollkommene Spaltbarkeit verläuft („Blätterbruch"), Perlmutterglanz. Farblos, meist aber weiß oder gelblich, rötlich (Eisenverbindungen), bräunlich oder grau gefärbt. Strich weiß. Der S t i n k g i p s enthält Bitumen, den G i p s s t e i n verunreinigt Ton. Milde biegsam, fühlt sich warm an. Wasserhältiges, schwefelsaures Kalzium ($CaSO_4$ + $+ 2 H_2O$). Gibt im Kölbchen erhitzt Wasser (21 v. H.) ab. V. d. L. trübt er sich und schmilzt unter Aufblättern zu einem alkalisch reagierenden Email. In HCl und in Wasser nicht

leicht (1 Gewichtsteil Gips auf 450 Gewichtsteile Wasser von
0^0 C) löslich, leichter in heißer Kalilauge. Beim Erhitzen auf
107 bis 110^0 C wandelt er sich unter Wasserverlust in das
Halbhydrat ($2\,CaSO_4 + H_2O$) um, das mit Wasser angerührt
und dann der Trocknung überlassen, sich leicht wieder in
Gips zurückverwandelt. Darauf beruht seine Anwendung als
S t u c k gips im Baugewerbe. Der E s t r i c h gips ist härter
und bindet langsamer als der Stuckgips; er wird durch Brennen des Gipses bis nahe der Rotglut ($900{-}970^0$) und bis zur
schwachen Sinterung gewonnen. Beim Brennen zwischen 400
und 750^0 und über 1400^0 C entsteht totgebrannter Gips.

Wie Anhydrit, so fehlt auch Gips selten auf Salzlagerstätten. Weniger regelmäßig findet man Gips auf Schwefellagerstätten, in vulka-
nischen Tuffen (Hohentwiel) und auf Erzlagerstätten; in Tonen und
Sanden trifft man nicht selten Nester von Gipskristallen (Montmartre)
und Zusammenwachsungen (namentlich plattenförmige) als Neubildungen infolge Wechselwirkung von verwitterndem Eisenkies auf Kalk;
auf Gipsschloten (schlauchartige Hohlräume in Gips) aufgewachsen.
Vorkommen: Harz (im Zechstein), Norddeutschland (Lüneburg, Lüb-
theen), Alpen (untere Trias), Karpatenvorland (Tertiär), Umgebung
von Zips Neudorf (Spisska nova ves) usw.

Verwendung: 1. Als Düngemittel. Seine Wirkung ist zum
Teil unmittelbar chemischer Art, indem Ca und S einen un-
entbehrlichen Nährstoff der Pflanzen bilden, zum Teil kommt
sie der Pflanze erst auf dem Umwege über den Boden zugute.
Der Gips setzt sich nämlich allmählich mit den kohlensauren
Alkalien, welche die Verwitterung der Silikate im Ackerboden erzeugt, zu schwefelsauren Alkalien um und führt auch
die gleichfalls aus den Silikaten stammende, kohlensaure
Magnesia in lösliche, schwefelsaure über. Er schließt mithin
die Alkalien auf und macht sie den Pflanzen zugänglich. Auch
das leichtflüchtige kohlensaure Ammoniak, das durch die Zersetzung der Jauche entsteht, wird durch den Gips in nicht
flüchtiges schwefelsaures Ammoniak verwandelt (vorteilhaftere
Ausnützung der Nährstoffe des Düngers, Milderung des üblen
Geruches in den Ställen).

2. Im Gewerbe wird Alabaster (Edelgips) von Kunsthand-
werkern verwendet (für Innenausschmückungen; fürs Freie
taugt er wegen seiner verhältnismäßig raschen Löslichkeit
in Wasser nicht), gebrannter Gips außerdem zu Abgüssen,
Kitten, zur Gewinnung von Schwefelsäure und für bauliche
Zwecke (siehe oben), namentlich für Decken, Gesimse, Ra-

bitzwände, Gipsdielen, künstliche Marmore (Stuckarbeiten) u. dgl.

3. Die Zementerzeugung regelt durch einen geringen Zusatz von Gips oder Anhydrit die Abbindezeit des Zementes.

4. In der Heilkunde verwendet man ihn zu Abdrücken, Verbänden usw.

Unterscheidung von Kalkspat: Gips fühlt sich warm an (Kalkspat kalt), läßt sich schon mit dem Fingernagel ritzen, braust mit HCl nicht auf und ist bedeutend leichter.

Kieselsaure Salze.

Glaukonit (glaukós, griech. = blaugrün). $H = 1—2$, $D = 2.2$ bis 2.85. Wasserhältiges, aus einem Gel entstandenes Silikat von Eisenoxydul und Tonerde, mit bis zu 15 v. H. Kali, etwas Bittererde und oft auch Phosphor. Monokline (?) Schüppchen, meist aber kleine, dunkelgrüne bis schwärzliche schießpulverartige Körnchen in manchen Sandsteinen, Sanden und Mergeln verschiedener geologischer Zeitalter, namentlich aber der Kreide und des Tertiärs („Grünsandsteine"). Die Anwesenheit des Eisens als Eisenoxydulsilikat ruft die grüne Färbung hervor; ihre Lebhaftigkeit bildet einen Maßstab für den Grad der Frische des Minerals. V. d. L. schmilzt Glaukonit schwer zu einer schwarzen, schwach magnetischen Kugel. Heiße, unverdünnte Salzsäure löst ihn langsam, aber vollständig, wobei die Kieselsäure, die Form der Körner nachbildend, zurückbleibt. Bei der natürlichen Verwitterung, der er meist nur langsam erliegt, färbt er sich zuerst braun (Ockerbildung) und wird dann fast farblos. Neubildung am Meeresboden, Folgebildung aus Biotit usw. Man benützt ihn als Anstrichfarbe („Tiroler Grün") und wegen seines Kaligehaltes örtlich als Düngemittel.

Die ähnlich zusammengesetzte, gestaltlose, meist feinerdige G r ü n e r d e (S e l a d o n i t z. T.) verdankt ihrer apfelgrünen bis schwärzlichgrünen Farbe den Namen (Seladongrün). Sie geht u. a. aus der Verwitterung der Augite von Basalten und Melaphyren hervor (Fassatal, Brentonico am Fuße des Monte Baldo) und dient unter dem Namen „Kaadener Grün" und „Veronesergrün" („Steingrün") zuweilen als beständige Malerfarbe (z. B. für Fresken) oder als Edelputz.

Tonmineralien.

Als „Tonmineralien" kann man eine Anzahl von Mineralien zusammenfassen, welche ähnliche chemische Zusammensetzung, ähnliche Tracht und vielfach ähnliches physikalisches Verhalten zeigen und sich an der Zusammensetzung der „Tone" (Tongesteine) wesentlich beteiligen. Die bautechnisch wichtigsten sind:

Kaolinitgruppe.

Kaolinit, monoklin, $Al_4(OH)_8Si_4O_{10}$
Nakrit, „ $Al_4(OH)_8Si_4O_{10}$
Dickit, „ $Al_4(OH)_8Si_4O_{10}$

Halloysit, monoklin, $Al_4(OH)_8Si_4O_{10} \cdot 4\,H_2O$
Batchelorit, $Al_4(OH)_8Si_4O_{10} \cdot n\,H_2O$
Metahalloysit, $Al_4(OH)_8Si_4O_{10}$.

Montmorillonit-Beidellitgruppe.

Montmorillonit, rhombisch (?) $Al_2(OH)_2Si_4O_{10} \cdot n\,H_2O$
    Al z. T. durch Mg ersetzt.
Nontronit, $Fe_2(OH)_2Si_4O_{10} \cdot n\,H_2O$
Beidellit $Al_2(OH)_2AlSi_3O_9OH \cdot n\,H_2O$

Pyrophyllitgruppe.

Pyrophyllit (wasserfreier Montmorillonit), monoklin
    $Al_2(OH)_2Si_4O_{10}$.

Namenerklärung. Nacre, frz., Perlmutter; nákros, griech., = glänzend. Montmorillon, Ort in Frankreich, Dep. Vienne. Nontron, Ort in Dordogne, Frankreich. Kaou-ling, chines., = Gebein.

Die Tonmineralien besitzen die Fähigkeit, auf ihrer Oberfläche Kationen festzuhalten und anzureichern. Die Art und Menge der angelagerten Kationen bestimmt das Verhalten der einzelnen Tonarten und tonreichen Böden; so z. B. den Verband des Bodens (Einzelkornverband, Krümelverband). Gute Krümler sind z. B. Ca, Fe und Al, wenn sie die Tonteilchen absättigen; der Krümelverband macht den Boden wegiger für Wasser und Luft, was bautechnisch und landwirtschaftlich wichtig ist; einwertige Kationen, besonders Na, befördern dagegen den Einzelkornverband, verringern so die Durchlässigkeit des Bodens für Luft und Wasser und hemmen dadurch auch die Lebenstätigkeit der nützlichen Bodenbakterien.

Wasser nehmen die Tonminerale in dreifacher Weise auf. Benetzungswasser näßt die Oberfläche der Teilchen, Schwarmionenwasser (Hydratationswasser) umgibt die an der Kleinchenoberfläche gebundenen Kationen (den Ionenschwarm Wiegners) und Gitterwasser dringt innerkristallin auch in das Gitter ein. Die Glieder der Kaolinitgruppe nehmen hauptsächlich Benetzungswasser auf, daneben auch etwas Schwarmionenwasser entsprechend der geringen Anzahl der gebundenen austauschfähigen Kationen;

die Mineralien der Montmorillonitgruppe dagegen reichern alle drei obgenannten Arten des Tonwassers an: Benetzungswasser, viel Schwarmionenwasser und Gitterwasser; letzteres ruft kräftige, einseitig ausgerichtete Quellung hervor. Die Geschwindigkeit der Wasseraufnahme ist bei den Kaoliniten ein Vielfaches jener, mit welcher die Montmorillonite Wasser aufnehmen; am langsamsten sättigen sich unter den bisher untersuchten Stoffen die Natron-Montmorillonite mit Wasser; dabei spielt die geringe Wasserdurchlässigkeit des quellenden Tones eine große Rolle.

Bei gleichem Kristallgitter des Tonminerales lagern die entfernter liegenden Wasserhüllen dem Kleinchen loser an. Die im Grundbau meist vorkommenden, niedrigen Drücke pressen daher in der Regel nur die äußeren Hüllen ab. Die Restwassermengen stehen unter hohem Drucke (von etwa 50 at). Natrium im Schwarmwasser bildet größere und loser gebundene Hüllen, Kalzium und dreiwertige Tone dagegen dünnere, aber dafür fester anhaftende Wasserhäutchen.

Eine Anzahl von Tonmineralien zeigt die Eigenschaft der Stoßflüssigkeit (Thixotropie); „feste" Breie werden durch Schütteln, Stoßen usw. flüssig; hört die äußere, mechanische Beanspruchung auf, dann verfestigen sich die Breie wieder. Mit der Stoßflüssigkeit erklärt man einzelne Firstenbrüche in Stollen, welche tonklüftiges Gestein durchörtern; die Bohrtechnik und die Verpressung von Klüften macht sich die Thixotropie nutzbar.

Kaolinit (Porzellanerde, Kaolin).

Kleine, weiße, perlmutterglänzende, glimmerartige Schüppchen und Täfelchen (monoklin), sechsseitige Blättchen, oft herab bis zu 20 µ Dicke und einer 5—25mal so großen Längen- und Breitenausdehnung; auch dicht, wachsglänzend, schwach fettig sich anfühlend; erdig. Vollkommene Spaltbarkeit nach der Endfläche; Spaltblättchen biegsam. H = etwa 2—2½, D = 2.1—2.63. Unschmelzbar, sich weißbrennend. Widersteht Angriffen von Salz- und Salpetersäure, wird jedoch von kochender Schwefelsäure zerstört. Verliert sein Wasser (etwa 14 v. H.) sehr schwer, zum überwiegenden Teile erst in der Glühhitze und schwindet dabei stark. Trocken saugt Kaolin begierig Wasser auf, quillt und wird formbar. Verwitterungsgebilde von Feldspat (vgl. S. 36); auch umgeschwemmt auf zweiter Lagerstätte. Einer der Hauptbestandteile des Kaolins (chinesischer Name).

Vorkommen: Sachsen (Hohburg, Altenbach, Mügeln, Löthain, Bautzen), Schlesien (Schweidnitz, Strehlen, Steine), Halle a. d. Saale, Thüringen, Bayern (Hirschau, Schnaittenbach, Thiersheim), Rheinland (Geisenheim, Ellweiler), Böhmen (Karlsbad, Umgebung von Pilsen), England (Cornwall), China, U.S.A., Schwertberg (O.Ö.) usw.

Nakrit (Steinmark).

Feinschuppige Gehäufe, erdig (Steinmark), grobkristallinschuppig. (Pholerit, pholis, griech. = Schuppe) $H = 1$, $D = 2.66$. Entwässert bei mehr als $600—650^0$ C. Bestandteil des Kaolins. Selten.

Dickit.

Eigenschaften sehr ähnlich jenen des Kaolinites. Entwässert bei $610—675^0$ C. Bestandteil des Kaolins.

Halloysit.

$H = 1—2$, $D = 2.0—2.2$. Verliert schon bei 50^0 Wasser und geht in Metahalloysit über. Knollig, Bruch muschelig bis erdig. Wachsartig schimmernd, weiß mit bläulichem Ton, auch grünlich oder graulich. Eintritt von absorbiertem Eisenoxydhydrat läßt lebhaft gefärbte, erdige Tonerdesilikate, sog. „Bole" entstehen.

Montmorillonit.

Bestandteil vieler Walkerden, der „Bentonite", Fullererden, Bleicherden, vieler Böden heißer Länder u. a. Nimmt Wasser ins Gitter auf; mit dem Wassergehalte schwanken alle Eigenschaften des Minerals. Mild, zerreiblich. Grauweiß, gelb usw. V. d. L. unschmelzbar, Glanz schwach. Die Blättchen des Montmorillonites sind um vieles kleiner als jene des Kaolinites; ihre Dicke sinkt bis 1 μ herab und verhält sich zur Länge und Breite wie etwa $1 : 100$ bis $1 : 300$.

Nontronit.

Derb, dicht, unter dem Mikroskope feinfasrig. Bruch uneben, oft muschelig. $D = 2.3$. Strohgelb bis gelbgrün. V. d. L. unschmelzbar, nicht aufblähend, schwarz und magnetisch werdend. Säuren zersetzen ihn, wobei sich Kieselsäuresulze bildet.

Dem Nontronit entspricht der Beidellit vollkommen.

Kohlige Stoffe und Bitumen.

Die kohligen Stoffe finden sich als schwarze, formlose Körner oder noch häufiger als feiner, undurchsichtiger Staub, zuweilen auch in Form von Flocken und Flittern oder von rußartigen Überzügen auf den Schichtflächen und im Innern vieler Gesteine vor, manche von ihnen wohl auch ganz durchtränkend und grauschwarz bis blauschwarz färbend.

Die meisten von ihnen enthalten neben Kohlenstoff noch Sauerstoff, Wasserstoff und geringe Mengen Stickstoff in wechselnden Gewichtsverhältnissen und nähern sich demgemäß in ihrer Zusammensetzung bald mehr dem Graphit, bald mehr der Kohle oder dem Bitumen. Sie lösen sich in einem Gemische von rauchender Salpetersäure und chlorsaurem Kali mit brauner Farbe und unterscheiden sich dadurch vom Graphit; einige lösen sich auch schon, wenigstens teilweise, unter Braunfärbung in Kalilauge.

Bitumen (pix, lat. = Pech; tumens, lat. = aufwallend), tritt entweder allein oder in Verbindung mit kohligen Stoffen gesteinfärbend auf. Vermutlich aus Faulschlammbildungen hervorgegangen, stellen die bituminösen Stoffe organische Verbindungen dar, welche gelblichbraune bis braune Farbe besitzen und harzartige Beschaffenheit zeigen. Auch sie lösen sich in einem Gemenge von chlorsaurem Kali und rauchender Salpetersäure, zum Teile auch in Benzol, Xylol usw. Gesteine, welche reich an Bitumen sind, zeigen nicht bloß dunkelbraune bis schwarze Farbe, sondern entwickeln beim Anschlagen mit dem Hammer auch einen unangenehmen, brenzlichen Geruch, welcher zur Bezeichnung „Stinkstein" geführt hat (Stinkkalke, Stinkdolomit, Stinkgips, Stinkquarz), und vielfach auf die Anwesenheit von Kohlenwasserstoffen, wie Indol, Skatol u. a. zurückgeführt wird. In zahlreichen, beim Anschlagen riechenden Marmoren hat man jedoch H_2S als Ursache des Stinkens festgestellt.

Außer durch ihre Löslichkeit in den vorgenannten Säuren unterscheiden sich die bituminösen und kohligen Stoffe noch dadurch von Graphit, daß sie über einer Flamme leicht verbrennen; Gesteine, welche reich sind an bituminösen und kohligen Stoffen, bleichen auch schon während ihrer gewöhnlichen Verwitterung aus; die Entfärbung besteht hier in einer ganz langsam sich abspielenden, der Glüh- und Flammenerscheinung ermangelnden Verbrennung. Gewöhnliche Säuren bleiben ohne Einwirkung; man kann daher die kohligen Stoffe und das Bitumen leicht aus den Gesteinen abscheiden, und zwar aus kohlensauren Felsarten durch ihre Lösung in Salzsäure, aus kieselsauren mittels Flußsäure.

Die Mineralien der Umprägungsgesteine.

Vorgänge innerhalb der festen Erdkruste arbeiten unablässig an der Umwandlung der Gesteine, welche die verschiedenen Lagen der festen Erdrinde aufbauen. Dabei erweisen sich Stoffzufuhr, Wärme, Druck und Durchbewegung besonders wirksam. Bald tritt der eine, bald der andere dieser Einflüsse stärker mineralumbildend hervor, während wieder wo anders mehrere dieser Umprägungskräfte vereint tätig sind. Wir nennen alle diese, schon vorhandene Mineralien und Mineralgemenge umwandelnden geologischen Vorgänge Umprägung (Gesteinumwandlung, Metamorphose).

Aufsteigende Glutflüsse beeinflussen ihre Nachbargesteine hauptsächlich durch die Hitze, welche sie ausstrahlen; nebenbei auch dann und wann durch die Zufuhr von Stoffen ins Nebengestein. Wir nennen die Art der Umprägung, wie sie die Hitzewirkung allein bewirkt, Berührungsumprägung (Kontaktmetamorphose). Sie schafft beispielsweise aus tonigen Absätzen Mineralien wie Andalusit, Disthen, Cordierit, Plagioklase, Quarz usw. Dringen von aufsteigenden Schmelzflüssen aus Stoffe in nennenswerter Menge in die Nachbargesteine und lassen in ihnen neue Mineralien aufblühen, dann sprechen wir von Zufuhrumprägung (Durchtränkung, Durchspritzung, Injektion usw.).

Reine Druckwirkung tritt wohl nur in geringen Rindentiefen auf. Hier wirkt hauptsächlich gerichteter Druck (Stress), wie ihn die Gebirgsbildung erzeugt. Mit kleinerer oder lebhafterer Durchbewegung der Gesteine verbunden begünstigt er die Entstehung sog. schieferholder Mineralien und wasserhältiger Silikate. Im allgemeinen wirkt sich einseitiger Druck als mechanischer Vorgang bautechnisch ungünstig aus. Entweder zerkleinert die Beanspruchung die Körner, nachdem sie die Mineralfestigkeit überschritten hat, wobei sie den Gesteinverband lockert oder ganz zerstört. Oder es gehen durch die Einwirkung des Gebirgsdruckes aus den alten Gesteinbestandteilen neue hervor, welche technisch ungünstiger sind als ihre Muttermineralien; so z. B. Seidenglimmer aus Feldspat (s. S. 37).

Findet die Druckbeanspruchung in einigermaßen tieferen Rindenstreifen statt, dann gesellt sich zu ihr als weiterer Mineralumbildner die mit der Tiefe ansteigende Erdwärme. Die Anwesenheit von Wasser begünstigt dann Mineralfolgebildungen, welche technisch im allgemeinen umsoweniger ungünstig sind, in je größerer Tiefe die Umprägung sich vollzieht.

In sehr großen Tiefen wird dann der Druck mehr oder minder allseitig und die Hitze recht groß. Es entstehen im all-

Vergleich des häufigeren Mineralbestandes der Gesteine.

Mineralien aus Glutflüssen	In gewöhnlichen Durchbruchgesteinen und in kristallinen Schiefern finden sich	Umprägungsmineralien	Nur oder fast nur in Absatzgesteinen
Leuzit	Quarz Orthoklas, Mikroklin Muskovit	} Seidenglimmer	Glaukonit, kohlige Stoffe, Hydrargillit, Diaspor
Anorthoklas Nephelin, Hauyn	Plagioklase, Perthite	Paragonit, Zoisit Epidot, Vesuvian, Schachbrettalbit	Dolomit, Steinsalz und Verwandte, Edelsalze, Gips Anhydrit,
Basaltische Hornblende	Hornblende	Nephrit, Glaukophan Anthophyllit	Aragonit, Brauneisen, Tonmineralien
	Augit Biotit, Phlogopit	Jadeit Chlorit, Chloritoid	
	Manche Granaten	Grossular, Disthen, Sillimanit, Andalusit, Cordierit, Staurolith	
	Olivin Graphit Magnetit, Ilmenit, Hämatit. Schwefelkies, Apatit, Zirkon Rutil, Spinell. Titanit	Forsterit, Talk Serpentin	

gemeinen nur mehr recht feste und wetterbeständige Mineralien in Bergarten, welche technisch einwandfrei sind.

Die einzelnen Arten der Umprägung grenzen sich gegeneinander nicht scharf ab, sondern verbinden sich miteinander durch breite Übergänge. Insbesonders verflößen die Gruppen der Zufuhr- und der Berührungsumprägung in weiten Bereichen.

Da die Tiefe, innerhalb welcher sich die Umprägungvorgänge vollziehen, einen entscheidenden Einfluß auf die Art der sich neu bildenden Mineralien ausübt, unterscheidet man gewöhnlich drei Tiefenstufen und teilt ihnen nachstehende Mineralien zu.

Mineralien der 1. Tiefenstufe. Adular, Albit (und andere saure Plagioklase), Chlorit, Zoisit, Epidot, Disthen (oft der 2. Tiefenstufe zugeordnet), Paragonit, Seidenglimmer, Sprödglimmer, Staurolith, Strahlstein, Grammatit, Hämatit, Serpentin (Antigorit), Talk. Anthophyllit (oft auch zur 2. Tiefenstufe gerechnet), Dolomit, Magnesit, Schwefelkies, Eisenspat.

Mineralien der 2. Tiefenstufe. Natronreiche Plagioklase, Nephelin, Hellglimmer (Muskovit), Dunkelglimmer (Biotit, Phlogopit), Sprödglimmer, Hornblende, Grammatit, Strahlstein, Uralit, Nephrit, Zoisit, Epidot, Staurolith, Andalusit, Antigorit, Disthen, Hämatit, Schwefelkies.

Mineralien der 3. Tiefenstufe. Kalifeldspat, basische Plagioklase, Nephelin, Rhombische Pyroxene, Gemeiner Augit, Diopsid, Omphacit, Jadeit, Alkaliaugite, Alkalihornblenden, Biotit, Phlogopit, Andalusit, Cordierit, Sillimanit (Vertreter von Disthen und Biotit), Graphit, Olivin, Wollastonit, Magnetkies, Spinell, Ilmenit.

Manche Mineralien treffen wir in allen Tiefenstufen an; wir nennen sie Durchläufer, wie z. B. Quarz, Magnetit, Kalkspat, Granat, Rutil, Titanit, Albit; sie sind wasserfrei und einfach gebaut.

Chloritgruppe.

Die meist hell- bis dunkelgrün gefärbten monoklinen Mineralien der Grünglimmer- oder Chloritgruppe (chloros, griech. = grün) spalten vollkommen nach der Endfläche und stehen auch sonst mit ihrer schuppigen, blättrigen Tracht den echten Glimmern sehr nahe. Sie sind aber nicht federnd, sondern nur gemein (mild) biegsam. H = 1½—3, D = 2.5—2.9, je nach dem Eisengehalte. Strich grün. Sie sind der grün bis schmutziggrün färbende Stoff vieler grüner Gesteine (Grünsteine, Grünschiefer und „grüner Schiefer"). Ihre Heimat sind die oberen Rindenschichten der Erde (1. Tiefenstufe). Hier gehen sie aus Augiten, Hornblenden, Biotiten usw. hervor, wenn diesen Mineralien das Sinken der Wärme und der verstärkte, einseitige Gebirgsdruck nicht mehr behagt. Zuweilen bildet sie die Umprägung auch aus Absätzen oder sie scheiden sich aus heißen Lösungen aus.

V. d. L. schmelzen sie sehr schwer, am ehesten noch die eisenreichen, während die eisenarmen sich weiß brennen. Man faßt die Orthochlorite als Mischungen von Amesitstoff ($H_4Mg_2Al_2SiO_9$: Amity Co., U.S.A.) und Serpentinstoff ($H_4Mg_3Si_2O_9$) auf. Die sogenannten Leptochlorite (leptos, griech., = minderwertig) sind eisenreicher und wasserärmer; sie nähern sich mehr dem Chloritoid (s. u.). Salzsäure zersetzt sie weniger leicht als Schwefelsäure. In beiden Fällen bildet sich Kieselsäuregallerte. Das Wasser entfernt sich erst bei hoher Hitze. Den Verwitterungseinflüssen widerstehen sie ziemlich hartnäckig, erliegen ihnen jedoch leichter als z. B. Muskovit; so insbesonders die wenig widerständigen Leptochlorite. Zersetzungen werden hauptsächlich in schwefelkieshaltigen Gesteinen beobachtet und geben sich in einer Färbung mit blaugrünen, braungrünen bis schmutziggelben Farbtönen kund. Amesit (ámesos, griech., = unmittelbar) ist tonerdereicher, Kämmererit (Kämmerer, Apotheker in St.-Petersburg) ein rosafarbener (pfirsichblütenroter) chromhaltiger Chlorit; Pennin (nach den Pennischen Alpen) ist tonerdearm, apfelgrün, smaragd- bis ölgrün, Klinochlor tonerdereicher (klino, griech., = ich neige; die Längsachse ist deutlich geneigt); beide kommen in den Gesteinen häufiger vor als der tonerdereichste, mit den Penninen verwandte Ripidolith. Der Rumphit (Rumpf, Professor in Graz) ist bloß eine Abart des Klinochlors.

In den Gesteinen ist das Auftreten von Chlorit wegen ihrer leichteren Verwitterbarkeit noch weniger erwünscht als jenes der echten Glimmer; die meisten chloritreichen Gesteine sind überdies weich und kommen als Bausteine nur ausnahmsweise in Betracht.

Vermiculitgruppe.

Die Vermiculite (Hydromuskovit, Hydrobiotit, Hydrophlogopit usw.) sind glimmerartige Mineralien, welche sich beim Erhitzen infolge Wasserabgabe aufblähen und wurmartig krümmen; wegen dieser großen Raumvermehrung und Auflockerung verwendet sie die Technik als Dämmstoffe usw. Sie entstehen in der Natur wohl hauptsächlich durch Wasseraufnahme aus Glimmern und Chloriten.

Sprödglimmergruppe.

Die Mineralien der Sprödglimmergruppe teilen Kristalltracht und Spaltbarkeit mit den echten Glimmern, weichen jedoch von ihnen durch größere Härte und durch Sprödigkeit ab; von den Chloriten trennen sie die gleichen Eigenschaften.

Chloritoid. H = 6—7 (ritzt Glas), D = 3.45—3.55. Monokline, sechsseitige Blättchen mit einer weniger vollkommenen Spaltbarkeit nach der Endfläche als Glimmer. Grünlichgrau, lauchgrün und schwärzlichgrün. Wasserhaltiges Eisenaluminiumsilikat mit Magnesium. Wird von Säuren wenig oder gar nicht angegriffen, am ehesten noch von unverdünnter Schwefelsäure. Bestandteil mancher kristalliner Schiefer höherer Rindenschichten (z. B. der Chloritschiefer); Umwandlungen in Chlorit kommen vor.

Kalkglimmer (Margarit; marga, lat. = Perle, daher auch Perlglimmer genannt). $CaAl_2(OH)_2Si_2Al_2O_{10}$, meist mit etwas Kali und Natron. Perlgrau bis farblos; monoklin, spröde Blättchen, nach der Endfläche vollkommen spaltbar. Vorkommen: Greiner im Zillertal, Naxos usw.

Verschiedene kieselsaure Salze der Tonerde.

Die Mineralien, welche hier zusammengefaßt sind, widerstehen der Oberflächenverwitterung mehr oder minder hartnäckig; der Ingenieur heißt sie daher in den Baugesteinen willkommen. Sie liefern ihm, in Hornfelsen angereichert, vorzügliches Schottergut (Andalusit, Cordierit).

Andalusit (Vorkommen in Andalusien). Rhombisch; meist gedrungene, seltener längere Säulen, viereckige Schnitte liefernd; Körner (namentlich in Hornfelsen). Im frischen Zustande rot bis ölgrün, auch blaßsaphirblau, durchsichtig; meist jedoch zersetzt und dann mattrosa, fleischfarben, veil oder grau (in ein dichtes Gehäufe von Glimmerschüppchen umgewandelt). Mäntel von Muskovit oder von Seidenglimmer sind sehr häufig. H = 7—7½ (unfrisch beträchtlich geringer). D = 3.10—3.17. Bruch kleinmuschelig bis uneben; nach den Säulenflächen (110) spaltbar. V. d. L. unschmelzbar, von Säuren, selbst von Flußsäure nicht zersetzbar. Bezeichnender Bestandteil von Riesenkorngraniten, von heißlösungsentstandenen Quarzadern und von tonerdereichen Berührungsgesteinen (z. B. von Andalusithornfelsen) Al_2SiO_5 (Tonerdesilikat). Durchsichtige oder schön gezeichnete Andalusite werden auf Schmucksteine verarbeitet. Herstellung von Zündkerzen und feuerfesten Stoffen.

Sillimanit (nach dem amerikanischen Mineralogen S i l l i m a n). Rhombisch. Meist erst unter dem Mikroskope erkennbar; filzige, faserige (Abb. 76) bis stengelige Gehäufe (Faserkiesel; mit Quarz durchwachsen); weiß, gelblichgrau, blau bis grünlich oder nelkenbraun. Frisch lebhaft glänzend. In Säuren unlöslich Al_2SiO_5. H = 6—7½, D = 3.03—3.24. Mineral tieferer Rindenschichten, bei Pressungsumwandlung den Andalusit ersetzend.

Disthen (griech. = zweifache Kraft, wegen der in zwei Richtungen sehr verschiedenen Härte). Triklin. Breitsäulige

Kristalle sind selten. Meist breitstengelige, strahlige, fasrige
bis blättrige Gehäufe. Nach der Querfläche (Perlmutterglanz)
vollkommen spaltbar. Al_2SiO_5, gleich dem Andalusit, mit dem
er auch die Verwendbarkeit und das Verhalten gegen Säuren
und v. d. L. teilt. Farblos, weißlich oder blau (C y a n i t;
kyanos, griech. = blau), durch Graphit oft eisengrau bis
schwarz gefärbt (R h a e t i z i t; Rhätien, alte Bezeichnung für
die Schweiz). H auf der Längsfläche im Mittel 7, auf der
Querfläche gleichlaufend mit der Lotachse 6½, senkrecht dazu
etwa 4½, D = 3.48—3.68. Bestandteil kristalliner Schiefer aus
mittleren Rindentiefen (Abb. 75).

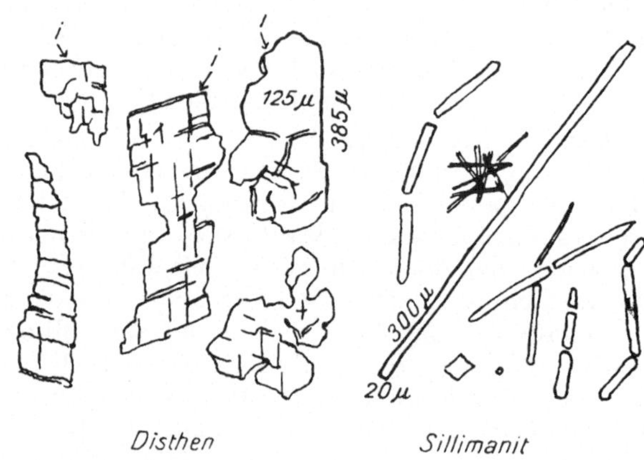

Abb. 75.   Abb. 76.
Kleinformen einiger Schiefermineralien. Nach Fr. A n g e l.

Cordierit (C o r d i e r, Geologe, 1777—1867). Rhombisch,
Flächenarme, meist kurzsäulige Kristalle mit scheinhexa-
gonalem Querschnitte; derbe Körnergehäufe. In frischem
Zustande veilchenblau, schwarzblau bis bräunlichgrün, im
zersetzten Zustande grau, bräunlichgrau oder grünlichgrau;
meist liegen dann Gemenge von Serizit, Chlorit, Biotit, Muskovit usw. vor (P i n i t; nach Pater P i n i benannt; Pini-
Stollen in Schneeberg, Tirol). H = 7—7½, D = 2.58—2.66. Von
ähnlich gefärbten Quarzarten unterscheidet ihn seine, in größeren Stücken deutlich hervortretende Mehrfarbigkeit (Tri-
choismus) und — wenn vorhanden — die Zersetzungsgebilde.
Die Spaltbarkeit nach der Längsfläche, welche dem Quarz
fehlt, ist meist wenig deutlich; der Bruch ist muschelig bis
uneben, spröde, der Glasglanz fettig; man hat ihn daher bei

flüchtiger Untersuchung oft schon mit Quarz verwechselt. V. d. L. schwer schmelzbar, in Salzsäure wenig löslich. $Mg_2Al_4Si_5O_{18}$, mit etwas H_2O und Fe. In Riesenkorngraniten, Berührungsgesteinen und tonerdereichen kristallinen Schiefern größerer Tiefen.

Staurolith (stauros, griech. = kreuzartiger Pfahl; also Kreuzstein; Durchkreuzungszwillinge zeigen nämlich Kreuzesform). Wasserhältiges Eisentonerdesilikat. Rhombisch; Kristalle flächenarm, säulig. Rötlichbraun bis bräunlichschwarz. H = 7—7½, D = 3.4—3.8. Sehr widerstandsfähig gegen Säuren. Mineral mittlerer Tiefen.

Wasserhältige Silikate niedriger Bildungswärme.

Serpentin (Serpens, lat. = die Schlange, wegen der manchmal schlangenartigen Farbzeichnung). H = 2½—4, D = 2.5—2.8, W = 0.2529 (J o l y). Dichte Gehäufe. G e m e i n e r S e r p e n t i n oft gefleckt, geflammt oder geadert; gesteinsbildend, verworrenblättrig (A n t i g o r i t, Abb. 77), zuweilen in körnigen oder fasrigen Abarten (F a s e r s e r p e n t i n, wenn technisch verwertbar, A s b e s t). Mild bis wenig spröde, wachsglänzend bis matt, nur in den fasrigen Gehäufen seidig glänzend. Meist grün, schwarzgrün, blaugrün, lauchgrün, auch gelbgrün, graugrün, zuweilen rötlich oder bräunlich (eisenreichere Abarten). C h r y s o t i l (griech. = „Goldfaser“) ist ein seidigglänzender Faserserpentin von weißlicher, ölgrüner bis olivengrüner Farbe. Graubraune bis bräunliche verfilzte Haufwerke heißen B e r g l e d e r (Bergholz, Bergkork). E d l e r S e r p e n t i n ist meist dicht, stets glättbar, schön gefärbt (zeisiggelb, lichtgrün, apfelgrün, spargelgrün, lauchgrün) und durchscheinend. Wasserhaltiges Magnesiumsilikat ($H_4Mg_3Si_2O_9$), fast immer eisenhaltig. Faserserpentin brennt sich weiß, nur die eisenreicheren werden bräunlich oder rötlich gefärbt. In feinen Splittern wenig schmelzbar, in Schüppchen (Antigorit) zu gelbbrauner Schmelze zerfließend. Gibt im Kölbchen, schwarz werdend, Wasser und wird durch Salzsäure langsam, durch Schwefelsäure rascher zersetzt (Abscheidung schleimiger Kieselgallerte). Aus Olivin (vgl. S. 62), Augit und Hornblende durch Tiefenzersetzung in höheren Erdschichten hervorgehend oder durch Zufuhr kieselsäurereicher Lösungen zu dolomitischen Gesteinen entstehend (Ophicalcite; „Schlangenkalke“). Den Witterungseinflüssen widersteht S.

im allgemeinen gut, kohlensauren Wässern jedoch erliegt er mit der Zeit.

Vielfach Träger von Erzlagerstätten, namentlich von Chromeisenerzen (Kraubat in Obersteier, Kleinasien, Balkanländer). Der Asbest wird zu feuerfesten Geweben, als Wärmeschutzmittel, zu Dichtungen, Asbestpappen usw. verwendet; Serpentinasbest ist weniger spröde und daher leichter spinnbar als Hornblendeasbest. Edler Serpentin gilt als Schmuckstein.

Talk (arab. talq). H = 1, D = 2.6—2.8; W = 0.2168 (J o l y). Wahrscheinlich monoklin. Schüppchen, ähnlich Glim-

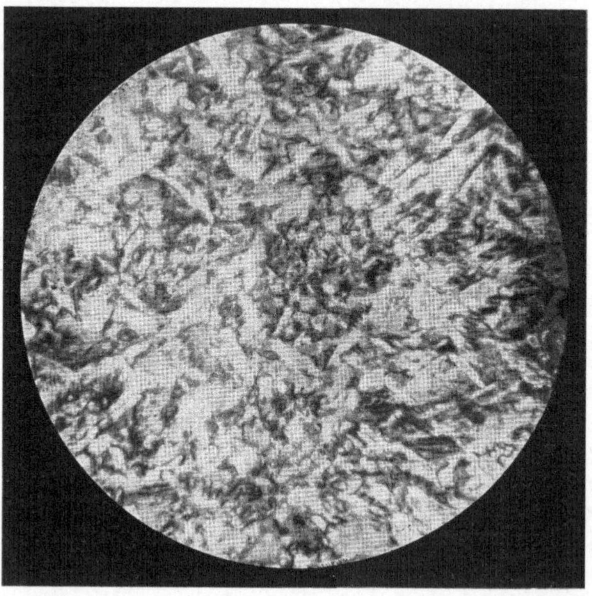

Abb. 77. Antigorit mit Gitterverband. Schliffbild des Serpentins von Sprechenstein bei Sterzing, Südtirol.

mer, Blättchen (perlmutterglänzend), seltener in stengeligen Aneinanderhäufungen und dann weniger verfilzt; dicht, verborgen kristallin, meist splittrig brechend als T o p f s t e i n und als S p e c k s t e i n (Steatit, stear, steatos, griech. = Talg; Seifenstein). Spaltbar nach der Endfläche mit perlmutterglänzenden Spaltflächen, sehr mild, fettig und weich sich anfühlend, gemein biegsam bis schwach federnd biegsam. Weiß, silberweiß bis apfelgrün, verunreinigt auch gelblich, grünlich, graulich oder bräunlich. Strich farblos. V. d. L. hell leuchtend, unter Wasserabgabe blätternd, schwerer ($D = 3.2$) und sehr hart werdend ($H = 6$) (enstatitartige Neubildung; die Hauptmenge des Wassers gibt er bei 960^0 ab), er ritzt dann Glas. Mit Kobaltlösung befeuchtet und geglüht färbt er sich fleischrot (zum Unterschiede von dem ihm manchmal ähnlich sehenden Seidenglimmer, welcher blau wird). Schmilzt v. d. L. nur an den feinsten Kanten. Säuren greifen ihn nicht an. Stets Folgebildung wie der Serpentin und gleich diesem an höhere Rindenteile gebunden. $H_2Mg_3Si_4O_{12}$.

Vorkommen: Göpfersgrün (Fichtelgebirge), Wurlitz, Erbendorf, Steiermark (Mautern, Rabenwald, Oberdorf a. d. Laming, Palbersdorf usw.), Zillertal (Tirol), Zöptau (Mähren), Schweiz (Malencotal, Maggiatal), Italien (Pinerolo), Pyrenäen, Canada, Brasilien usw.

Die reineren Talkvorkommen werden bei entsprechender Mächtigkeit technisch ausgebeutet. Der Speckstein wird unmittelbar als Schreibmittel (Schneiderkreide), zu Bildwerken, zum Entfernen von Fettflecken usw. verwendet oder ebenso wie Talk durch Steinbrecher zerkleinert und hierauf gemahlen. Man schnitzt aus Talk Brenner für Karbidlampen und härtet sie durch Brennen. Das Talkmehl findet als „Talkum" Anwendung als „Füllstoff" in der Papiererzeugung, in der Weberei und in der Kautschukerzeugung, ferner als Streupulver, Puder, Schmier-, Putz- und Fleckmittel, als Zusatz zu Schmelztiegeln, zu Gasbrennern, in der Elektrotechnik (Schalter, Isolatoren) usw.

Den Witterungseinflüssen gegenüber ist Talk vollkommen beständig.

Epidotgruppe.

Von den gesteinbildenden Gliedern der Epidotreihe kommen bautechnisch wohl nur Epidot und Zoisit in Betracht. Ersterer kristallisiert monoklin, letzterer rhombisch. Beide gelten in den Gesteinen vom technischen Standpunkte aus als wetterfest und erwünscht.

Zoisit (nach v. Z o i s). Rhombisch. $H = 6-6\frac{1}{2}$, $D = 3.22$ —3.36. Meist endenlose, oft stark längsgestreifte Stengel, häufig quer abgesondert (Abb. 78), außerdem Körner. Wasserhell und farblos oder trübe; graulich, gelblichbraun, grün, seltener pfirsichblüten- bis rosenrot (T h u l i t = manganhaltig; Thule, alter Name für Norwegen). Glasglanz, auf der vollkommenen Spaltfläche nach der Längsfläche (010) Perlmutterglanz. Feinfilzig im Saussurit und hier Umwandlungsgebilde kalkreicher Plagioklase. Bruch muschelig bis uneben. Strich farblos.

$HCa_2Al_3Si_3O_{13}$. Schwillt unter Blasenwerfen zu einer blättrigen bis blumenkohlähnlichen Masse an und schmilzt an den Kanten zu einem klaren gelblichen Glase. Mit Kobaltlösung geglüht färbt er sich blau. Von Salzsäure sehr schwer zersetzbar; geschmolzen sulzt er mit HCl. Bestandteil mancher kristalliner Schiefer (z. B. der Zoisitamphibolite) oberflächennaher Bildungsräume.

Epidot (Epidosis, griech. = Zugabe, wegen seines gegenüber Zoisit zusätzlichen Eisengehaltes, nach anderen wegen des häufigen Flächenreichtums). Monoklin. H = 6½—7, D = 3.3—3.5, W = 0.1877 (J o l y). Kristalle nach der Querachse stark verlängert, oft sehr flächenreich, nach der Endfläche

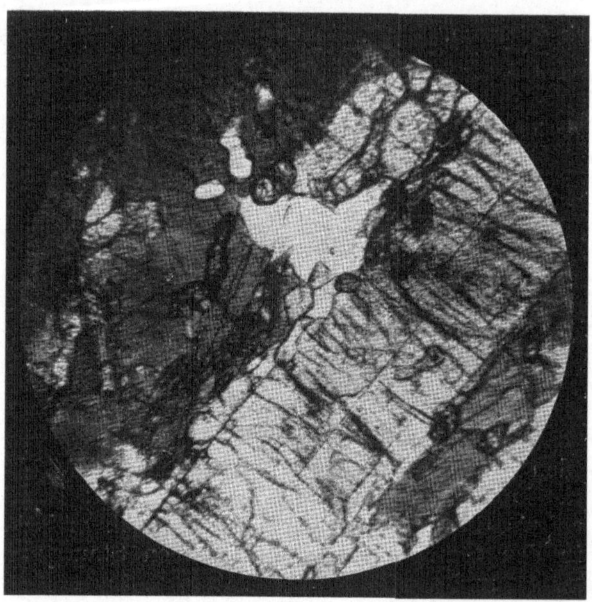

Abb. 78. Zoisit (langer Stengel schräg rechts unten), Hornblende (dunkel) und Titanit (Mineral mit kräftiger Lichtbrechung). Zoisitamphibolit von Törl, Obersteiermark.

(001) spaltbar. Außerdem oft in langen, zuweilen gebogenen Stengeln, in Körner usw. Zeisiggrün (E p i d o t; Strich meist grau; verteilt im Gestein), bis pistaziengrün (P i s t a z i t); eisenarme bis eisenfreie, farblose, lichtgelbe bis rosenrote Abarten hat man K l i n o z o i s i t genannt. Der P i e m o n t i t (Mn-hältig!) hat kirschroten Strich und rötlichschwarze, braun- bis kirschrote Farbe. Glasglanz. $HCa_2Al_3Fe_3Si_3O_{13}$. Bruch muschelig, splittrig, uneben. An den Kanten umso eher schmelzend, je eisenreicher er ist; das Glas färbt sich braun

bis schwarz. Wird im frischen Zustande von HCl kaum angegriffen, nach dem Glühen aber löst er sich unter Abscheidung
flockiger Kieselsäure. In den Gesteinen verbreitet als Zersetzungsgebilde von Hornblende, Augit, Magnesiaglimmer,
Granat, Olivin, Feldspat usw. Kluft- und Drusenmineral
(Warmwasserbildung), auch häufiger Bestandteil kristalliner
Schiefer nicht zu tiefer Bildungsräume, zuweilen auch Be-
rührungsmineral; dann von Vesuvian, Augit, Hornblende,
Magnetit usw. begleitet.

Anhang.

1. Kurze Anleitung zum Bestimmen der technisch wichtigsten gesteinbildenden Mineralien.

Zum Bestimmen der technisch wichtigsten, gesteinbildenden Mineralien beschaffe man sich ein Hartgummifläschchen mit verdünnter Salzsäure (1 : 5 etwa bis 1 : 10), eine Stahlnadel oder ein Stahlmesser, einen Quarzsplitter, eine Lupe, ein Lötrohr und die weiter unten genannten Chemikalien.

Man kann die technisch wichtigen gesteinsbildenden Mineralien für die rein praktischen Zwecke ihrer Bestimmung im Gestein in nachstehende Gruppen einteilen:

I. Mineralien, welche entweder Erze sind oder so aussehen wie Erze; ihnen ist Erzfarbe (gelb, braun, rot, schwärzlich) und meist auch Metallglanz und hohes Raumgewicht eigen.

II. Gesteins-Gemengteile, welche keine Ähnlichkeit mit Erzen besitzen und farblos oder hell gefärbt sind (schlichte Farbtöne); ihre Form ist gleichausmassig, stengelig, säulig usw., niemals aber schuppig oder blättrig.

III. Mehr oder minder kräftig gefärbte Mineralien von ähnlicher Gestalt wie jene der 2. Gruppe, also niemals blättrig-schuppig, mit vollkommener Spaltbarkeit nach der Endfläche.

IV. Glimmerartige Gemengteile; Tracht schuppig-blättrig mit ausgezeichneter Spaltbarkeit nach der Endfläche. Nicht abfärbend; wenn schwarz und abfärbend, G r a p h i t (siehe I_4).

Im übrigen sei auf das sehr empfehlenswerte Büchlein von Prof. Dr. A. K ö h l e r, „Das Bestimmen der Minerale", Wien 1949, Springer-Verlag, verwiesen.

I. Gruppe. Erze oder erzähnliche Gesteinsbestandteile.

1. Farbentönung gelb bis braun, oft bunt, stets mit Metallglanz 2
Farbe eisengrau bis schwarz, mit Metallglanz oder gelb,
gelbbraun, braunrot bis rot ohne Metallglanz . . . 3

2. Speisgelb, hart ($H = 6—6\frac{1}{2}$), mit dem Messer nicht ritzbar, wohl aber mit einem Quarzsplitter; wenn Kristalle, dann meist Würfel oder Fünfeckzwölfflächner. Mit bläulicher Flamme verbrennend, Strich braunschwarz; Verwitterungsgebilde rostbraun . . . . E i s e n k i e s
Goldgelb bis messinggelb, $H = 3\frac{1}{2}—4$; mit dem Messer ritzbar, v. d. L. zerknisternd. Strich grünlich-schwarz; Verwitterungsgebilde zum Teil rostbraun, z. T. grün oder blau gefärbt . . . . K u p f e r k i e s
Bronzefarben bis tombackbraun, magnetisch, mit dem Messer ritzbar ($H = 3\frac{1}{2}—4\frac{1}{2}$), hexogonale Kristalle

M a g n e t k i e s

Wässrig-gelb bis grau speisgelb, schon beim Erwärmen nach SO_2 riechend, mit dem Messer nicht ritzbar ($H = 6—6\frac{1}{2}$) . . . . . . W a s s e r k i e s (Markasit)

3. Vom Hufeisenmagnet angezogen; Strich schwarz; in Salzsäure leicht löslich . . . M a g n e t e i s e n s t e i n
Wird vom Hufeisenmagnet nicht angezogen . . . 4

4. Strich eisengrau; sehr weich, abfärbend, oft schuppig ausgebildet, leicht, ohne Verwitterungserscheinungen, in Säuren unlöslich . . . . G r a p h i t
Strich ockergelb oder kirschrot; zuweilen erdig . . 5

5. Strich gelb bis braun; gibt beim Erhitzen Wasser ab; in Salzsäure langsam löslich; Farbe stets ockergelb bis braun, zuweilen ins rötliche getönt   B r a u n e i s e n s t e i n
Strich kirschrot; in Salzsäure schwer löslich; Farbe rot bis schwarz; in letzterem Falle oft schuppig-blättrig und glänzend . . . . R o t e i s e n s t e i n

II. Gruppe. Helle Gemengteile (Nichterze).

1. Mit dem Fingernagel ritzbar ($H = 1\frac{1}{2}—2$) 2
Mit dem Fingernagel nicht ritzbar ($H = > 2\frac{1}{2}$) . . 3

2. Gibt beim Erhitzen im Röhrchen oder Kölbchen Wasser ab; monoklin . . . . G i p s

3. Weich ($H = 3—3\frac{1}{2}$). Gibt beim Erhitzen kein Wasser ab; rhombisch; vor dem Lötrohr zerknisternd   A n h y d r i t
Hart bis sehr hart ($H = 5\frac{1}{2}—7$) 4
Mittelhart ($H = 3—4\frac{1}{2}$), mit einem weichen Eisennagel ritzbar 11

4. In Salzsäure schwer oder gar nicht löslich . . . 5
In Salzsäure unter Sulzen löslich 10

5. Nach 1 bis 2 Richtungen gut spaltbar 6
Ohne regelmäßige, bzw. vollkommene Spaltbarkeit, Bruch
daher muschelig 8
6. Gegittert . . . . Mikroklin
Ohne Gitterung 7
7. Mit Zwillingsstreifung
      saurer Plagioklas (trikliner Alkalifeld-
      spat und saure Albit - Anorthit - Mischungen
      = saure Kalknatronfeldspate)
Ohne Zwillingsstreifung, und zwar meist unverzwillingt
oder mit einfachen Zwillingen
      Orthoklas (monokliner Alkalifeldspat)
8. Ohne Spur von Verwitterungserscheinungen, $H = 5\frac{1}{2}-7$,
Bruch muschelig, Fettglanz auf Bruch-, Glasglanz auf
Kristallflächen; gibt mit Kieselflußsäure (H_2SiF_6) keine
Kristalle 9
Verwitterungserscheinungen häufig; Spaltbarkeit, wenn
vorhanden, sehr unvollkommen; $H = 5\frac{1}{2}-6$; liefert mit
Kieselflußsäure wasserhelle Würfel von Kieselfluor-
kalium K_2SiF_6) und mit Platinchlorid ($PtCl_6$) gelbe regu-
läre Kristalle von Kaliumplatinchlorid; unschmelzbar bis
schwer schmelzbar; Salzsäure löst ihn schwer, aber vollständig unter Ausscheidung von pulveriger Kieselsäure.
Kobaltlösung bläut ihn in der Glühhitze . . Leucit
9. In kochender Kalilauge unlöslich
      Quarz und Chalcedon
In kochender Kalilauge löslich, von Quarzsplittern geritzt
      Opal
10. Mit Zwillingsstreifung; gut spaltbar; triklin
      basischer Plagioklas (Natronkalkfeldspat)
Ohne Zwillingsstreifung; hexagonal; schmelzbar; Querschnitte sechsseitig, Längsschnitte rechteckig
      Nephelin
11. In kalter Salzsäure unter Aufbrausen bereits in Stücken
leicht löslich 12
In kalter Salzsäure in Stücken schwer oder gar nicht
löslich 13
12. Das Mineralpulver wird beim Kochen mit Kobaltnitrat
nach einer Weile blau; die Feigl-Leitmeier'sche
Lösung schwärzt erst nach geraumer Zeit. Unter Beibe-
haltung der Form beim Glühen leuchtend; hexagonal, meist
Rhomboeder, Skalenoeder oder Körner . Kalkspat
Das Mineralpulver färbt sich beim Kochen mit Kobaltnitrat

rasch lila; die F e i g l - L e i t m e i e r'sche Lösung tönt die behandelte Fläche rasch grau bis schwärzlich. Unter Leuchten zerfallend; rhombisch, meist fasrige oder rogensteinähnliche Anhäufungen . . . . . A r a g o n i t

13. In warmer Salzsäure in Stücken oder gepulvert bereits in der Kälte löslich und dabei aufbrausend 14
In warmer Salzsäure erst nach dem Pulvern unter Brausen allmählich löslich; mit Kobaltnitrat befeuchtet und geglüht sich fleischrot färbend; Diphenylcarbazid färbt veilrot
M a g n e s i t

14. Schwer (D = 3.8); Verwitterungsrinde braun bis schwarz werdend; aus der salzsauren Lösung fällt Ammoniak große Mengen eines braunen flockigen Niederschlages
E i s e n s p a t
Leichter (D = 2.85—2.95), ohne kräftige, dunkle Brauneisen-Verwitterungsrinde höchstens mit schwacher Rostfarbe anwitternd; die salzsaure Lösung gibt mit Ammoniak wenig oder gar keinen braunen Niederschlag, dagegen mit Schwefelsäure reichliche, weiße Kristalle von Gips; Diphenylcarbazid färbt nicht . . . . . D o l o m i t

III. Gruppe.

Farbige Gesteingemengteile ausschließlich der an ihrer vollkommenen Spaltbarkeit nach der Endfläche leicht kenntlichen, blättrig-schuppig ausgebildeten Glimmer und der glimmerähnlichen Mineralien.

1. Mineralkörperchen ohne begünstigte Wachstumsrichtung, meist Rautenzwölfflächner (Rhombendodekaeder) oder rundliche, kugelige Formen 5
Mineralien mit einseitig begünstigten Wachstumsrichtungen, meist gedrungene Säulen oder stengelig-fasrige Gebilde 2

2. Querschnitte der Kristalle ebene oder gesattelte Dreiecke bildend; Ecken der Dreiecke meist durch je eine oder zwei Flächen abgestumpft; H = 7—7½; ohne regelmäßige Spaltbarkeit; färbt im Platindraht mit Kaliumbisulfat und Flußspat geschmolzen die Flamme grün (Bornachweis); schwer schmelzbar; verschiedenendig (hemimorph); in den Baugesteinen meist schwarz (Schörl) . . . T u r m a l i n
Querschnitte anders, nicht in rohen Umrissen dreiseitig; v. d. L. mehr oder minder schmelzbar 3

3. Nur nach einer Richtung, der Endfläche, spaltbar; Farbe lichtgrün (zeisiggrün), wenn aufgewachsen dunkelgrün (pistaziengrün); Schnitte meist sechsseitig   E p i d o t
Nach zwei Richtungen (Säulenflächen) spaltbar . . 4

4. Winkel der Säulenspaltflächen 124½, bzw. 55½°; Tracht meist schlank, seltener gedrungen säulig, sehr häufig stengelig-strahlig; Zwillinge niemals mit einspringenden Winkeln; Querschnitte sechsseitig; Farbe grün, zuweilen schwarz (basaltische Hornblende) H o r n b l e n d e
Winkel der Spaltrisse nach den Säulenflächen 87°, bzw. 93°; stengelige Formen fehlen; Zwillinge mit einspringenden Winkeln kommen vor; Querschnitte achtseitig, Form meist gedrungen, Farbe vorwiegend schwarz (selten grün = Omphacit) . . . . A u g i t

5. Farbe rot (blutrot, gelbrot, weinrot, braunrot), H = 7—7½; Quarzsplitter ritzt nicht . . . . G r a n a t
Farbe grünlich, seltener rötlich, H = 6—7 6

6. Farbe grünlich (flaschengrün, seltener rötlichgrün, ölgrün), in warmer Schwefelsäure löslich, weniger leicht in Salzsäure; rhombische Kristalle . . . . . O l i v i n
Farbe gelbgrün (zeisiggrün); in Schwefelsäure fast unlöslich; monokline Körner . . . . E p i d o t

IV. Gruppe.

Glimmer und glimmerähnliche Mineralien. Kennzeichen: Blättrig-schuppige Ausbildung, vollkommene Spaltbarkeit nach einer Fläche, der Endfläche, welche von weiteren Spaltrissen nach einer anderen Fläche frei ist. Blättrige Abarten des Graphites (siehe I₄) unterscheiden sich von den schuppigen Mineralien der Gruppe IV dadurch, daß sie schwärzlich abfärben.

1. Sehr hart (H = 6—7); ohne Metallglanz und nicht abfärbend (Unterschied von Graphit); wird von Salzsäure nicht angegriffen . . . . C h l o r i t o i d
Weich (H stets kleiner als 3) 2

2. Weich (H = 1), fettig sich anfühlend, nach dem Glühen hart werdend (H = 6); säurefest; frei von Tonerde und Alkalien; färbt sich beim Glühen mit Kobaltlösung fleischrot (blaßrosenrot) . . . . T a l k
Durch Glühen nicht viel oder gar nicht härter werdend; tonerdehältig 3

3. Durch Salzsäure zersetzbar; biegsam, aber nicht federnd; frei von Alkalien; hell- bis dunkelgrün; weiß oder braun anwitternd . . . . Chlorit

Durch Salzsäure nicht zersetzbar; federnd biegsam; alkalihältig 4

In Salzsäure schwer löslich; v. d. L. magnetisch werdend Eisenglimmer

4. Dunkel gefärbt (braun bis schwarz); wird trübe; durch Schwefelsäure unter Hinterlassung eines Kieselsäureskelettes zersetzbar; färbt die Boraxperle heiß dunkelrot, kalt gelb (Eisennachweis) . Magnesiaglimmer

Hellgefärbt 5

5. Von Schwefelsäure nicht zersetzbar; wird beim Glühen mit Kobaltlösung blau; frei von Magnesium; v. d. L. undurchsichtig und spröde werdend; meist silbrig glänzend Kaliglimmer

Durch Schwefelsäure zersetzbar, unter Zurücklassung eines Kieselsäureskelettes; gibt mit Kieselflußsäure beim Eindunsten auf dem Objektträger scharfe rhomboedrische Kriställchen von Kieselfluormagnesium ($MgSiF_6 + 6 H_2O$) und ebensolche von Kieselfluoreisen, welche sich aber zum Unterschiede von ersteren mit Ferrozyankalium blau, mit Schwefelammonium schwarz färben; braun, goldgelb Magnesiaglimmer (in Verwitterung begriffen).

2. Einige neuere, chemische Verfahren von F. Feigl und H. Leitmeier zum Bestimmen von Mineralien auf Grund ihres Gehaltes an gewissen Stoffen.

Erkennung von Chrom.

Verfahren nach H. Leitmeier und F. Feigl (Tschermaks Min. u. Petr. Mittlg. Bd. 4, H. 1). Man füllt eine kleine Probe des feingepulverten Minerales (Gesteins) in einen kleinen Platin- oder Porzellantiegel und schmilzt sie mit Soda oder besser mit Natriumsuperoxyd auf; dazu braucht man etwa 1 Minute Zeit; man muß nur darauf achten, daß von dem Prüfgute nicht zu viel herausspritzt. Die aufgeschlossene Probe läßt man abkühlen; dann nimmt man die Schmelze mit etwas Schwefelsäure (2 n-fach) auf (erforderlichenfalls gelinde erwärmen!). In die Lösung träufelt man 2 bis 3 Tropfen der alkoholischen Diphenylcarbazidlösung ein. Fehlt Chrom, dann bleibt die rote Farbe der Diphenylcarbazidlösung bestehen oder sie rötet sich stärker. Um sicher zu sein, daß die Lösung sauer genug war, fügt man nachträglich noch einige Tropfen 2 n-Schwefelsäure hinzu. Anwesendes Chrom färbt auch in geringeren Mengen die Lösung in Veil um.

Vermutet man, daß das zu untersuchende Mineral einen Chromgehalt von mehr als etwa 1 v. H. aufweist, dann schließt man auf dem Platindraht auf und setzt das Diphenylcarbazid auf einem Porzellanschälchen zu. Das alte Verfahren mit der Boraxperle ist wenig empfindlich.

Dieselbe Umfärbung geben auch Quecksilber und Molybdän. Diese Stoffe sind jedoch Bestandteile von Erzen und der Bauingenieur begegnet ihnen wohl kaum jemals. Übrigens kann man Hg durch Ausglühen (Verdampfen) und Mo durch Zusatz einiger Tropfen Oxalsäure zur Probe vor dem Einträufeln des Diphenylcarbazids unschädlich machen.

Unterscheidung von Kalkspat und Aragonit.

Verfahren von W. M e i g e n. Man kocht einen Splitter des zu untersuchenden Minerales 1 bis 5 Minuten lang mit einer $^{5-10}/_{100}$ Lösung von Kobaltnitrat. Aragonit färbt sich innerhalb dieser Zeit veil, während Kalkspat unverändert bleibt oder nach längerem Kochen grau, grünlich, gelblich oder bläulich, aber niemals veil wird.

Das Verfahren nach H. L e i t m e i e r und F. F e i g l (Tschermaks Min. und Petr. Mittlg., 1934, S. 447—456) ist entschieden vorzuziehen, da man es in der Kälte und an Dünnschliffen anwenden kann. Auf einer Tüpfelplatte übergießt man das Pulver oder den Dünnschliff mit einer Lösung oder träufelt sie auf das Handstück. Aragonit färbt sich fast sofort grau an und wird sehr bald schwarz, während Kalkspat erst nach etwa 10 Minuten sich ganz schwach anzufärben beginnt und erst nach einer Stunde tiefer grau wird. Noch länger dauert die Verfärbung bei Spateisenstein, am längsten bei Magnesit, wobei der grobkristalline Magnesit immer noch weniger Zeit beansprucht als der dichte Magnesit.

Die Lösung bereitet man sich auf folgende Weise. Man löst 11.8 g $MnSO_4 . 7 H_2O$ in 100 g Wasser, trägt festes Ag_2SO_4 ein, kocht auf, läßt erkalten und seiht Ungelöstes ab. Nun setzt man 1 bis 2 Tropfen einer verdünnten NaOH-Lösung zu und seiht den gebildeten Niederschlag nach ein bis zwei Stunden ab. In braunen Fläschchen hält sich die Lösung längere Zeit.

Nachweis der Kieselsäure.

Verfahren von F. F e i g l und H. L e i t m e i e r. Man schließt eine kleine Probe des zu untersuchenden Minerales (Gesteins) am Platindraht oder in einem kleinen Porzellantiegel in einer Schmelze von Natriumkarbonat oder besser von Natriumkarbonat und Kaliumkarbonat in Mischung auf ($SiO_2 + Na_2CO_3 = Na_2SiO_3 + CO_2$). Dadurch hat man eine etwa vorhandene Kieselsäure löslich gemacht.

Die Natriumsilikatlösung säuert man mit verdünnter Salzsäure (oder Salpetersäure) an und versetzt sie mit einigen Tropfen einer salpetersauren Ammoniummolybdatlösung. Man erhitzt bis zum Sieden und läßt abkühlen. Nun setzt man 1 bis 2 Tropfen einer $^{25}/_{100}$ Benzidinlösung (oder Benzidinchlorhydrat in $^{10}/_{100}$ Essigsäure; Bereitung S. 110) und hierauf die ungefähr inhaltsgleiche Menge einer kaltgesättigten Natriumazetatlösung zu. Anwesende Kieselsäure antwortet mit einem blauen Niederschlag oder mit einer Bläuung der Lösung. Sind nur sehr kleine Mengen von Kieselsäure zugegen, dann schüttelt man die Lösung mit Amylalkohol aus; zeigt sich an der Trennungsfläche Lösung—Alkohol ein blaues Häutchen, dann ist das Vorhandensein von SiO_2 nachgewiesen.

Die Ammoniummolybdatlösung stellt man sich in folgender Weise her. Man löst 15 g Ammoniummolybdat in 100 g H_2O und gießt die Lösung in 100 cm³ Salpetersäure von der Dichte 1.2; die anfänglich ausfallende Molybdensäure löst sich durch Umschwenken zu einer klaren Flüssigkeit auf.

Unterscheidung von Dolomit und Magnesit.

Verfahren von F. F e i g l und H. L e i t m e i e r. Das erforderliche Diphenylcarbazid kann man fertig im Handel beziehen oder selbst herstellen. Man schmilzt 1 Mol Urethan und 2 Mole Phenylhydrazin zusammen. Sobald die Entwicklung von NH_3 aufhört, was nach einigen Stunden der Fall ist, läßt man die Schmelze erkalten, laugt sie mit Äther von den Verunreinigungen frei und hat das Reagens verwendungsbereit.

Zur Ausführung der Untersuchung füllt man 1—2 g des Carbazides in ein Proberöhrchen und fügt bis zur halben Höhe des Röhrchens Alkohol zu; nun löst man in der Wärme restlos auf. Zugabe von etwa 3 cm³ eines $^{25}/_{100}$ NaOH oder KOH ruft Rotfärbung hervor (Bildung des Na-Salzes des Diphenylcarbazides).

Sodann wirft man ein erbsengroßes Stück des zu untersuchenden Minerales oder etwas grobes Pulver in ein Proberöhrchen, gießt etwa 5 cm³ Lösung darauf und kocht 2—3 Minuten lang. Hierauf gießt man die rote Flüssigkeit ab und kocht den Bodensatz solange mit heißem Wasser, bis die Flüssigkeit vollkommen farblos ist. Dies tritt meist schon nach zweimaligem Kochen ein. Die Magnesite färben sich stärker oder schwächer veilrot an, während Dolomit ungefärbt bleibt. Gefärbte Mineralien sind vorher stets grob zu pulvern.

Nachweis des Mangans in Mineralien und Gesteinen.

In manganreichen Mineralien sättigt man die Boraxoxydationsperle solange an, bis sie Veilchenfarbe zeigt.

Für manganarme Minerale eignet sich das Verfahren von H. Leitmeier (Tschermaks Min. und Petr. Mittlg. Bd. 41, H. 1). Man pulvert die Probe, kocht sie im Glasröhrchen mit etwas Salpetersäure, und bringt die Probe dann auf Seihpapier. Hier macht man die Probe mit KOH alkalisch und fügt Benzidinlösung hinzu. Vorhandenes Mangan bläut sofort; ist die Färbung durch Trocknen verschwunden, läßt sie sich durch Aufträufeln von Benzidinlösung rasch wieder zurückrufen.

Kieselsaure Manganverbindungen und andere unlösliche Manganmineralien schmilzt man vorher mit einem Kalium-Natriumkarbonatgemenge und löst die Schmelze in etwas Salpetersäure auf. Enthält ein Mineral neben Mangan sehr viel Eisen, so fällt Eisenhydroxyd durch das Benzidin aus und verdeckt durch seine gelbbraune bis rotbraune Farbe die Bläuung bis zur Gänze. In diesen Fällen fügt man vor der Benzidinzugabe ein Tartrat hinzu; dieses verhindert die Ausfällung des Eisenhydroxydes.

Nachweis der Phosphorsäure in Mineralien und Gesteinen.

Verfahren von H. Leitmeier (Mikrochemie, 1928, H. 10/12). Erforderlich ist salpetersaure Ammoniummolybdatlösung (Bereitung S. 109) und Benzidinlösung. Letztere stellt man sich her, indem man rund 5 g chemisch reines Benzidinchlorhydrat in 100 Teilen Wasser auflöst, wobei man einige Raumzentimeter Essigsäure zusetzt und erwärmt; nach dem Klarseihen bewahrt man die Lösung in einer lichtabschwächenden Flasche auf.

Auf helle Mineralien und Gesteine, welche man auf Gehalt an Phosphaten prüfen will, tropft man etwas Molybdatlösung, fügt ein wenig Benzidinlösung hinzu und träufelt Ammoniak darauf. Bläuung deutet auf Phosphorsäureanwesenheit hin (Molybdenblau und blaugefärbtes Oxydationsgebilde des Benzidins entstehen dabei).

Empfindlicher verläuft der Nachweis, wenn man das Prüfgut zuerst pulvert. Von diesem Pulver gibt man etwas auf Seihpapier und wendet die Lösungen wie oben an. Auch die Strichtafel eignet sich sehr gut zur Prüfung eines phosphorsäureverdächtigen Minerales.

Nachweis des Fluors in Mineralien und Gesteinen.

Zur Erkennung von Flußspat, Turmalin usw. bedient man sich in zweifelhaften Fällen mit Vorteil des Verfahrens von H. L e i t m e i e r und F. F e i g l (Alizarinverfahren).

Die in Flaschen haltbar aufbewahrte Lösung bereitet man folgendermaßen. Man löst $^5/_{100}$ g Zirkonnitrat in 50 g überdampften Wassers und fügt 10 cm³ unverdünnte Salzsäure hinzu. Sodann löst man $^5/_{100}$ g alizarinsulfosaures Natrium in 50 g überdampften Wassers. Miteinander gemischt, sind die Lösungen gebrauchsfertig.

Einen Splitter des zu untersuchenden Minerales pulvert man fein und behandelt das Pulver auf einem Uhrgläschen mit 2—3 Tropfen der Zirkon-Alizarinat-Lösung. Bei Anwesenheit von Fluor färben sich die veilroten Tropfen sofort honiggelb. Silikate schließt man vor der Prüfung mit einem Gemenge von Kalium-Natrium-Karbonat auf.

Phosphorsäure ruft den gleichen Farbenumschlag hervor; er tritt jedoch weit langsamer ein. Als Vergleichskörper empfehlen die Verfasser reines, gefälltes Calziumphosphat (Min. und petr. Mittlg. Bd. 40, S. 6—19, 1929).

Namenverzeichnis.

Sachverzeichnis.

Glaskopf 13
—, brauner 69
—, weißer 81
Glatzkopf 13
Glaukonit 86, 92
Glaukophan 58, 92
Glimmer 1, 44, 45, 46, 47, 50, 60,
93, 94, 105, 106
Glimmergruppe 45
Glimmer, ähnliche Mineralien
105, 106
—, magnesiaarme 48
—, magnesiareiche 46, 47
—, heller 37, 48
—, lithiumhaltige 47
Goethit 70
Grammatit 53, 54, 57, 93
Grammatitasbest 58
Granat(e) 38, 55, 60, 92, 101, 106
—, gemeiner 60
—, techn. Bewertung 61
—, weißer 39
Granatgruppe 59
Graphit 4, 5, 6, 92, 96, 102, 103,
106
graphitreiche Böden 5
Graphitit 5
Graphitoid 4
Grossular 60, 61, 92
Grünerde 86
Grünglimmergruppe 93

Haarsalz 71
Halloysit 37, 87, 89
Halogenide, einfache 22
Hämatit 12, 13, 92, 93
Harmotom 45
Haselgebirge 83
Hauyn 39, 43, 92
Hedenbergit 54, 56
Heliotrop 18
Hellglimmer 48, 50, 93
Hercynit 12
Hessonite 61
Heulandit 45
Hiddenit 56
Hochquarz 19
Holzopal 21
Hornblende 1, 48, 51, 52, 53, 57,
58, 59, 60, 63, 92, 93, 97,
101, 106
—, basaltische 53, 54, 57, 106
—, gemeine 54, 57, 58, 59
—, schilfige 57

Hornblende, tonerdefrei 59
—. tonerdehaltig 59
Hornblendeasbest 58, 98
Hornblende-Augitgruppe 50, 58
Hornfels 95
Hornstein 18, 21
Hornsteinkalk 18
Hortonolith 62
Humusstoffe 70, 76
Hyalit 20, 21
Hyalosiderit 62
Hyazinth 61, 63
Hydrargillit 37, 43, 48, 71, 92
Hydroapatit 23
Hydrobiotit 94
Hydrohämatit 69
Hydromuskovit 48, 94
Hydronephelin 42, 43
Hydrophlogopit 94
Hydrophan 21
Hypersthen 54

Idokras 65
Ilmenit 14, 92, 93
Indigolith 66
Indol 90

Jadeit 54, 56, 92, 93
Jadestein 56
Jaspis 18
Jaspopal 21

Kaadener Grün 86
Kainit 71
Kalifeldspat 30, 31, 34, 39
Kaliglimmer 48, 107
Kalisalpeter 72
Kalk-Chromgranat 61
Kalkbaryt 82
Kalkerde 36, 52
Kalkeisengranat 60
Kalkeisentonerdegranat 60
Kalkfeldspat 33
Kalkglimmer 95
Kalknatronfeldspate, saure 104
Kalksinter 77, 93
Kalkspat 44, 59, 61, 63, 72, 73,
74, 76, 77, 79, 81, 86, 93, 104,
108
Kalkstein 74, 78, 81
Kalktongranat 60, 61
Kalk, dolomitischer 81
—, gestaltloser, amorpher 72
—, kohlensaurer 77

Tunnelbaugeologie.

Die geologischen Grundlagen des Stollen- und Tunnelbaues. Von Ing. Dr. phil. **Josef Stini**, vormals Professor an der Universität in Graz. Mit 192 Textabbildungen. XI, 366 Seiten. 1950.　　　　Halbleinen S 150.—, DM 36.90, $ 8.80, sfr. 38.20

Ingenieurgeologie.

Ein Handbuch für Studium und Praxis. Von **Ludwig Bendel**, Dipl.-Bauingenieur, Dr. der Naturwissenschaften (Geologie), Privat-Dozent der Ecole Polytechnique de l'Université de Lausanne, Luzern.

Erste Hälfte: Mit 586 Textabbildungen. Z w e i t e Auflage. (Berichtigter Neudruck der ersten Auflage 1944.) XXVIII, 832 Seiten. Lex.-8°. 1949
Halbleinen S 481.—, DM 96.—, $ 22.90, sfr. 99.60

Zweite Hälfte: Mit 620 Textabbildungen. XIX, 832 Seiten. Lex.-8°. 1948
Halbleinen S 496.—, DM 99.—, $ 23.60, sfr. 101.50

Der Frost im Baugrund.

Von Dr. sc. techn. **Robert Ruckli**, Dipl.-Ing., Privatdozent an der Eidg. Techn. Hochschule Zürich, Inspektor des Eidgen. Oberbauinspektorates Bern. Mit 112 Textabbildungen. XV, 279 Seiten. Lex.-8°. 1950.
Steif geheftet S 189.—, DM 37.80, $ 9.—, sfr. 39.—

Einführung in die Baustoffkunde.

Von Dr. techn. **Franz Ritter**, Linz. Mit 110 Textabbildungen. XII, 226 Seiten. 1950.
Steif geheftet S 64.—, DM 18.—, $ 4.30, sfr. 18.60

Der Hochbau.

Eine Enzyklopädie der Baustoffe und der Baukonstruktionen. Von **Silvio Mohr**, z. Zt. Iselsberg (Osttirol). Z w e i t e, erweiterte Auflage. Mit 307 Textabbildungen. X, 327 Seiten. 1950.
Halbleinen S 96.—, DM 24.—, $ 5.80, sfr. 25.—

Geologie und Bauwesen.

Zeitschrift für die Pflege der Wechselbeziehungen zwischen Geologie, Gesteinkunde, Bodenkunde usw. und sämtlichen Zweigen des Bauwesens. Herausgegeben von **J. Stiny**, Wien (1952: Jahrgang 19).

Erscheint zwanglos in einzeln berechneten Heften wechselnden Umfanges.

Vorräte und Verteilung der mineralischen Rohstoffe.

Ein Buch zur Unterrichtung für jedermann. Von Dr. phil. Felix Machatschki, o. Professor an der Universität Wien. Mit 6 Textabbildungen. VIII, 191 Seiten. 1948.

Steif geheftet S 54.—, DM 12.—, $ 2.90, sfr. 12.50

Grundlagen der allgemeinen Mineralogie und Kristallchemie.

Von Dr. Felix Machatschki, o. Professor an der Universiät Wien. Mit 151 Textabbildungen. VII, 209 Seiten. 1946.

Steif geheftet S 42.—, DM 8.—, $ 1.90, sfr. 8.20

Spezielle Mineralogie auf geochemischer Grundlage.

Von Dr. phil Felix Machatschki, o. Professor an der Universität Wien. Mit etwa 230 Textabbildungen. Etwa 360 Seiten. Lex.-8⁰.

Erscheint Anfang 1953.

Kristalle und Gesteine.

Ein Lehrbuch der Kristallkunde und allgemeinen Mineralogie. Von Dr. Pentti Eskola, Professor an der Universität Helsinki. Zweite Auflage.

Erscheint im Dezember 1953.

Das Bestimmen der Minerale.

Von Professor Doktor Alexander Köhler, Universität Wien. Mit 23 Textabbildungen. V, 150 Seiten. Lex.-8⁰. 1949.

Steif geheftet S 61.—, DM 16.80, $ 4.—, sfr. 17.40

Einführung in die Gesteinkunde.

Von Doktor Hans Leitmeier, o. Professor an der Universität Wien. Mit 100 Textabbildungen. VIII, 275 Seiten. Lex.-8⁰. 1950.

Steif geheftet S 66.—, DM 18.50, $ 4.40, sfr. 19.—

Einführung in die Gefügekunde der geologischen Körper.

Von Professor Dr. Bruno Sander, Innsbruck. In zwei Teilen.

I. Teil: **Allgemeine Gefügekunde und Arbeiten im Bereich Handstück bis Profil.** Mit 66 Abbildungen im Text. X, 215 Seiten. Lex.-⁰. 1948.

S 120.—, DM 30.— $ 7.20, sfr. 31.30
Gln. S 135.—, DM 32.—, $ 7.60 sfr. 33.10

II. Teil: **Die Korngefüge.** Mit 153 Abbildungen im Text, 166 Gefügediagrammen und 8 zum Teil farbigen Tafeln. XII, 409 Seiten. Lex.-8⁰. 1950.

S 240.—, DM 60.—, $ 14.50, sfr. 63.—
Gln. S 255.—, DM 63.—, $ 15.30, sfr. 66.—